U0187780

平面的立体

20世纪20~30年代旗袍造型研究

李迎军 著

中国传统服饰文化系列丛书

刘元风 主编

教育部服务国家特殊需求博士人才培养项目『中国传统服饰文化的抢救传承与设计创新人才培养项目』

国家社科基金艺术学重大项目『中华民族服饰文化研究』

中国纺织出版社有限公司

内 容 提 要

本书从归纳旗袍词义所指开始，探讨旗袍与中国服装文化传统的关系，继而梳理20世纪20~30年代旗袍造型的迁演规律，并展开对造型背后的“十字型结构造型手法”的深入探究，进而发掘蕴含其中的服装文化传统：以“领袖”为中心的造型观念；以“穿”的行为贯穿的“人衣协调”着装观念；虚实相生的“人衣空间”观念。基于上述探讨，设计实践进一步围绕着以“十字型结构”为代表的服装造型观念，探索已被“遗忘”历久的传统制衣智慧在当代“再生”的可能性。

本书适用于服装专业师生学习参考，又可供旗袍服饰文化爱好者阅读典藏。

图书在版编目（CIP）数据

平面的立体：20世纪20~30年代旗袍造型研究／李迎军著．-- 北京：中国纺织出版社有限公司，2021.6（2022.8重印）
（中国传统服饰文化系列丛书／刘元风主编）
ISBN 978-7-5180-8046-5

Ⅰ．①平… Ⅱ．①李… Ⅲ．①旗袍—服装款式—研究—中国—民国 Ⅳ．①TS941.717

中国版本图书馆CIP数据核字（2020）第205361号

Pingmian de Liti: 20 Shiji 20~30 Niandai Qipao Zaoxing Yanjiu

---

策划编辑：孙成成　　责任编辑：籍　博
责任校对：王蕙莹　　责任印制：王艳丽

中国纺织出版社有限公司出版发行
地址：北京市朝阳区百子湾东里A407号楼　邮政编码：100124
销售电话：010—67004422　传真：010—87155801
http：//www.c-textilep. com
中国纺织出版社天猫旗舰店
官方微博 http：//weibo.com/2119887771
北京华联印刷有限公司印刷　各地新华书店经销
2021年6月第1版　2022年8月第2次印刷
开本：889×1194　1/16　印张：12
字数：220千字　定价：198.00元

前言

《左传》:“中国有礼仪之大，故称夏；有章服之美，谓之华。”

2014年的《在文艺工作座谈会上的讲话》中曾提到：“没有中华文化繁荣兴盛，就没有中华民族伟大复兴。一个民族的复兴需要强大的物质力量，也需要强大的精神力量。”中国自古就被誉为“礼仪之邦”。“礼”，在整个民族文化中，占据着极其重要的地位。我们的先人，推行以礼治国，用礼来处理天、地、人、事、文之间的关系。

教育部服务国家特殊需求博士人才培养项目“中国传统服饰文化的抢救传承与设计创新人才培养项目”，响应国家文化战略倡导，探索中国传统服饰文化创新设计的当代化路径，构建博士人才培养项目的创新性研究体系，在进行人才培养方面进行了多年有效尝试，目前，推出这套“中国传统服饰文化系列丛书”，希望能够以严谨并具一定学术高度的创新性研究成果和研究理念，为进行相关研究的硕士和博士以及相关行业的研究人员提供一定的学术参考和借鉴。

“一带一路”是我国新时期的国家倡议，本系列丛书中部分内容正是从传统丝绸之路的文化汇聚地“敦煌”出发，从莫高窟等石窟遗迹中提取与服装服饰相关的典型内容，从壁画和彩塑的服饰色彩、纹样和结构形式等不同方面进行研究，分析它们在特定时期的不同艺术形式，挖掘其背后的内涵和价值。并通过不同的创作形式将这些传统艺术中的经典元素与当代设计结合，进行传统服饰的当代化探讨——力图以符合当代语境的表述方式对传统进行重新解读，并将其传达、呈现给社会大众。在通识意义上的传统文化活化传承方面进行了有效的探索，这也是本系列丛书中占比较大的内容。除了敦煌服饰文化方面的探索，本系列丛书中还有对传统服装工艺观念方面的探究，即以传统旗袍制板工艺为例探讨传统的制衣理念，在衣与人体之间建立起空间关系——探究这种关系展现了怎样的礼仪和社会观念。衣是社会生活的重要载体，本丛书从不同角度切入，深入分析这些艺术形式和工艺表达背后所蕴含的一系列历史文化以及社会观念，并将这些观念性和方法性的内容应用在传统文化的当代化表达上，力图向大众揭示我国丰富多彩的文化艺术传统并增强大众在服饰文化方面的民族文化自信。

丛书中各位青年学者对中华传统服饰文化中的典型案例进行了系统研究，并以此为原点进行设计拓展，从理论和实践互证的角度尝试拓展传承中国传统服饰文化的新路径。本套丛书是教育部服务国家特殊需求博士人才培养项目“中国传统服饰文化的抢救传承与设计创新人才培养项目”和国家社科基金艺术学重大项目“中华民族服饰文化研究”的重要学术成果。

劉元風

2019年4月

穉英

目录

之光

第一章　引言

现今世界的绝大多数国家几乎都穿着“西式服装”——无论衬衫、西装、连衣裙，还是领带、皮鞋、牛仔裤，无一不是西方服装发展的产物。西方服装文化主导当今国际服装流行是一个不争的事实，即使是中国人日常生活中的着装体验也是以西式服装为主体的。服装设计专业的学生们接受着以西方服装文化为主导的审美与技术训练，甚至可以说很多时候中国的服装设计师是在揣度着西方服装文化的内涵与形式展开设计实践的。在这样的大环境下，探寻中国服装文化在当代设计中传承之道的重要性是不言而喻的。

历史上曾经一度强盛的东方服装文化体系在现代社会基本退出了生活领域，中国虽然有着上下五千年的文明史与辉煌的服饰文明，但服装领域流传至今的“传统”却屈指可数。春秋时“邯郸学步”的故事用来提醒世人不要在学习他人的同时迷失了自己，但如今的现状恰恰反映出我们在“西风东渐”的大背景下对服装文化自我认识的迷茫。现在我们面临着国际服装品牌的强烈冲击和传统文化流失等严峻问题，对于传统的传承成为中国设计师一直以来都在着力思考与实践的课题。近年间，涌现出一批旨在弘扬民族文化，致力于传统服装文化当代显现设计实践的服装品牌与设计师，加之上海、北京两次APEC会议领导人着装设计的助力，传统服装文化的挖掘、研究、继承发展达到了一个空前的高度。随着“汉服热”的逐渐升温，“新中装”概念的提出，“何为国服”的激烈讨论，一系列触及本质的问题逐渐凸显出来——何为中国服装文化传统？如何在当代显现？

第一节　研究内容

从服装史的发展来看，西方服装发展成为当今国际服装“硬通货”的原因之一，是成功地实现了从传统的“重装”到适应现代社会生活方式的“轻装”的转变。“（西方）女装的现代化是通过解决以下四个课题来逐步实现的：一、把女性从束缚肉体的紧身胸衣的禁锢中解放出来，回归女性肉体的自然形态；二、从束缚四肢活动的装饰过剩的传统重装中解放出来，向便于活动的、符合快节奏现代生活方式的轻装样式发展；三、排除服装上的社会性差别，纠正古典式的阶级差和性别差之偏见；四、从繁重的手工缝纫那里把女性解放出来。[1]”西方人用了大约半个世纪的时间逐步实现了服装的现代化过渡，而东方则在传承过程中出现了断档，最终发展成现今几乎“全盘西化”的状态。但回望中国百年前的服装发展历史不难发现，面对相同的时代背景与社会需求，中国的部分传统服装也曾经同样实现过从历史到现代、从重装到轻装的转变。

清朝末年，新思想、新观念极大地促进了服装文化的发展，传统向现代的转变在这一时期迈进了一大步。辛亥革命后，沿袭了几千年的宗法等级服装制度被废弃，突破封建礼教、剪辫易服成为潮流。与思想领域一样，当时的服装审美观念也由于面临着西方服装文化的强烈冲击呈现出保守与激进并存。一部分传统服装被逐渐淘汰，一部分西洋服装被直接借用，另外的一部分传统服装则在东西方文化的碰撞与融合中推陈出新，完成了从传统到现代的嬗变，这部分“成功转型”的服装包括男士的长衫、马褂与妇女的袄、裙、裤和旗袍。当时社会生活方式的转变促使有着繁缛装饰与复杂结构的传统服装向更适合当时社会生活节奏的“简洁、便利”的方向发展。清朝满汉男子普遍穿着的长袍、马褂，去掉了过剩的装饰之后成为儒雅的长衫与马褂，在辛亥革命以后的几十年间广泛流行，并作为常服收录于20世纪20年代民国政府颁布的《服制条例》中。相比而言女装的类别要更加丰富，由于清朝初年推行“男从女不从”的易服令，与汉族男子必须和旗人一样穿着长袍、马褂不同的是，汉族妇女可以延续传统上衣下裳的装束习惯，在新时期的生活方式影响下，清末汉族妇女的袄、裙、裤不仅去除了表面的装饰，还在造型上由宽松转向适体。同时完成现代化转变的还有影响力更加强大持久的旗袍，在政治、经济、军事、文化等因素的综合影响下，男子的长袍、马褂与妇女的袄、裙、裤逐渐淡出了日常生活，只有旗袍经过几十年的发展演变，最后成为在当代中国社会生活中仍然可以见到的“传统”。旗袍由重装到轻装的嬗变及其在现代社会的逐步迁演，无疑是我们思考传统当代显现问题最值得深入剖析的案例。

在王家卫执导的电影《花样年华》中，张曼玉展现的玲珑婀娜、凹凸有致的旗袍造型成为电影史上的经典形象，也成就了时尚圈的一段流

[1] 凯莉·布莱克曼. 百年时尚 [M]. 张翎，译. 北京：中国纺织出版社，2014：168.

行，一时间，紧裹肢体的旗袍造型成为东方女性曲线美的代名词。影片讲述的是1962年发生在香港的故事，片中旗袍具有典型的20世纪60年代中国香港和台湾地区流行旗袍的造型特点，但这只是旗袍发展序列中的一个类别，远远不能代表旗袍的全部形态。在百余年的发展历史中，旗袍曾经经历了一段异彩纷呈的流变过程，当今常见的旗袍主要由50~60年代中国香港和台湾地区旗袍的造型手段与审美特点发展而来，而之前风云际会的几十年间旗袍曾经呈现的华彩几乎被遗忘殆尽。对于旗袍发展史的梳理，目前普遍采用的是以时间、地域为基准进行研究的方法，即自清代的袍服算起，旗袍大体经历了四个主要的发展时期。第一个时期是辛亥革命以前，此时的清代袍服在入关前旗人袍服基础上融入了大量中原汉民族的制衣智慧，在审美、材质、工艺等各方面都得到极大的发展，至清末时已经形成奢华繁缛的装饰风格（图1–1）。第二个时期是20世纪20~40年代，这是旗袍实现“现代化”的重要阶段，也被称为旗袍的“黄金时代”，这一时期实现了旗袍从传统向现代的转化，在延续了传统的造型手段、结构特征、工艺手法的同时，过滤掉了过剩的装饰，造型也日趋适体（图1–2）。电影《花样年华》描述的时代属于旗袍发展的第三个时期——20世纪50~70年代，这几十年间旗袍逐渐在我国内地的日常生活中消逝，但却在中国香港和台湾以及东南亚的华人圈中广泛使用。此时的旗袍从审美到技术手段都逐渐转向西方的立体化造型，最终完成了运用西方裁剪技术塑形的颠覆性转变（图1–3）。第四个时期是20世纪80年代至今，中国大陆地区再度兴起旗袍热，旗袍开始作为中国服装文化的“代言人”被国际社会广泛关注，并被众多西方服装设计师在国际化的设计作品中频繁演绎（图1–4）。

“20世纪20年代，上海成为中国的时尚中心，因此被称作‘东方巴黎’。照片中这些女孩儿们穿着西方化的长筒袜和高跟鞋，但是她们的发型和衣着却非常富有中国特色，这也从一个侧面反映出当时高涨的民族主义倾向。旗袍从那时起成了一种国际流行的服装款式（图1–5）。[1]”近现代服装史学者凯莉·布莱克曼（Cally Blackman）的这段对20世纪初期旗袍的评述反映出西方人看待旗袍的视角与态度，强调了这一时期旗袍在服装史中的重要作用。

20世纪20~40年代的旗袍在旗袍发展序列中具有更加独树一帜的

[1] 凯莉·布莱克曼.百年时尚[M].张翎，译.北京：中国纺织出版社，2014：136.

1	2
3	4
5	

图1-1　清代旗人袍服

（图片来源：《中国旗袍》，包铭新主编，上海文化出版社，1998年：79）

图1-2　民国时期的旗袍

（图片来源：《壹玖壹壹：从鸦片战争到军阀混战的百年影像史》，刘香成编著，湖南美术出版社，2017年：94）

图1-3　穿着旗袍的香港影星

（图片来源：http://image.baidu.com）

图1-4　约翰·加里亚诺的设计作品

（图片来源：不详）

图1-5　20年代流行的旗袍

（图片来源：《时尚百年》，凯莉·布莱克曼著，张翎译，中国纺织出版社，2014年：137）

特性。这一时期的旗袍随着之后在港台地区的演化而逐渐退出旗袍发展历史，导致在社会生活中彻底销声匿迹，并且长期被学术界忽视。更为重要的是，这一时期的旗袍是真正意义上中国“现代”服装的肇始，在旗袍的发展过程中具有提纲挈领的意义。20世纪初的中国站在传统与现代的交叉路口，在思想文化“西风东渐”的时代背景下，各种观念的矛盾冲突成为那个时代的典型特征。如何使服装适应新的社会环境、生活方式，如何吸收外来文化，同时又不迷失自我，都是当时迫在眉睫的问题。20世纪初，随着社会思潮与生活方式的变迁，随着生活观念的转变与妇女解放运动的深化，旗袍这一原属中国满族妇女穿着的传统服装，开始适应新的环境，逐渐实现由重装向轻装、由宽松向合体、由复杂向简洁的转变，进而逐步取代了袄、袍、裤、裙等诸多传统服装品类，成为不分民族、地区、年龄的“全民服装”，进而成为迄今为止中华民族最具代表性的“传统服装”。在20世纪20~40年代的发展历程中，又以20~30年代更具代表性❶。在卞向阳著的《百年时尚——海派时装变迁》一书中对此曾经进行过阐述：“20世纪20年代中期至30年代是民国上海服饰时尚的鼎盛期……以旗袍和中山装为代表的‘新中装’（New Chinese Style）在上海出现并风行，旗袍的流行变化迅速，并成为全国的样板❷”。的确，旗袍在20世纪20~30年代经历了脱胎换骨的嬗变，完成了由传统向现代的过渡，这十几年间的发展变化承载着对传统与创新的思考和实践，也蕴含着实现现代化演进的成功经验。1940年出版的第一五〇期《良友》杂志曾经撰文对20世纪20~30年代的旗袍做总结，也同样肯定了这一时期旗袍发展的代表性成就：“经过了十五年的变迁，旗袍已成为中国近代女子的标准服装。打倒了富于封建色彩的短袄长裙，使中国新女性在服装上先获得了解放。今日的旗袍已和欧美女装的风尚，发生了联系，她并不但为二万万中国女同胞所采用，并且被许多欧美女子所爱好。像今日中国的女子在国际上已获有地位一样，旗袍也是世界女子服装界上的一支

❶ 从旗袍的总体造型发展来看，20世纪40年代的旗袍处于由中国传统“十字型”结构向西式“构筑式”结构的过渡阶段，这时的旗袍仍然以传统的十字型结构为主，但胸省、腰省开始逐渐出现，侧缝线对胸腰臀的曲线表达越来越直白强烈，西方拉链的大量使用进一步促进旗袍装饰的简化，并加速了旗袍的造型由中国传统前开型的“袍”向西方套头型的“连衣裙”的转变。显然，以上现象的发生充分说明20世纪40年代的服装审美观念也由中国传统的含蓄内敛向西方的直接外放的方向倾斜。因此，20世纪20~30年代旗袍的发展对于中国传统的继承发展与外来西方文明的吸收借鉴方面具有更加强突出的代表性。

❷ 卞向阳. 百年时尚——海派时装变迁[M]. 上海：东华大学出版社，2014：18.

新军了。[1]”总之，旗袍在这十几年间所历经的浓缩着服饰文化传承精华的迁演过程，正是对外来文化的接纳、吸收、出新的过程，也是对传统重新审视、继承发展的过程。今天的中国服装设计师面临的是与当年极为相似的困境，当年旗袍发展过程中蕴含的“传统向现代化嬗变的奥秘”是否会成为启发我们走出困境的钥匙还有待探讨。

第二节 目的与意义

“人类的需求是丰富的，而满足这种丰富需求的创造，由于民族、历史、文化、生产方式、生活方式、风俗习惯的迥异也是十分丰富的。正如一个民族的历史不能割裂一样，设计的历史同样不能割裂。民族的文化是设计走向未来的坐标，前人的智慧和文化的多样性将会给我们中国当今的设计带来深刻的思考与无尽的启示。[2]”西方设计师在自己的服饰文化序列中得心应手地汲取灵感、天马行空地发展创造，但东方设计师却仍然在努力寻找自己服装文化传统的当代性表达手法。20世纪20~30年代旗袍传承着中国传统服装文化的基因，承载着中国服装传统向现代演进的重要信息，但这一时期的旗袍又恰恰是旗袍发展序列中长期被忽视的部分。本书虽然以20世纪20~30年代旗袍造型为研究重点，但思考的核心是“如何实现中国服装文化传统的现代化转化”，因此研究与实践的最终目的并不仅局限于寻找旗袍的当代设计形式，而是侧重于方法探究，探寻中国服装文化传统当代显现的方法论。通过对现存实物、文献、图像、影像资料的分析与访谈，挖掘20世纪20~30年代旗袍中承载的传统造物思想与制衣智慧，研究传统服装文化的优秀遗产与当代社会生活方式和当代设计相结合的新形式，探索传统可持续发展的生命力，以更具当代性、国际化的设计实践传承中国服装文化。

本项研究的意义之一，在于对艺术设计类专业博士研究方法的探索。专业博士研究是近年出现的新的研究形式，由于突破了“以理论研究指导实践”的单一模式而备受关注。英国皇家艺术学院（Royal College of Art）是世界上较早开设专业博士研究的大学之一，大学专

[1] 佚名，旗袍的旋律 [J]. 良友，1940(150)：67.

[2] 亨利·波卓斯基. 设计，人类的本性 [M]. 王芊，马晓飞，丁岩，译. 北京：中信出版社，2012：序.

业博士教学体系开创者克里斯托弗·弗雷林（Christopher Frayling）教授定义了三种研究方式：研究艺术与设计的内在含义，如社会性、实践性等（Research into art and design）；通过艺术与设计实践来研究（Research through art and design）；为了指导艺术与设计而展开的研究（Research for art and design）。本研究属于弗雷林教授定义的第二种研究方式——通过艺术与设计实践来研究，即以服装设计师的身份展开思考与研究，最终以设计实践寻找方向、探寻解决问题的方法。

意义之二是从设计师的视角出发，遵循由表及里的顺序将形态、技术、思想、设计几个部分贯穿研究。由于服装设计的专业特性，导致大多数理论研究者不熟悉技术与设计，大多技艺精湛的艺人又不具备理论研究基础与设计能力，因此现有的研究多是独立分析，或仅综合其中个别部分展开分析。本研究从历史学、艺术学、社会学、物质文化史出发，从图像分析入手，探究形态特征与技艺根源，进而挖掘形与技背后的思想根源，并进一步指导设计思考与实践。本书将厘清20世纪20~30年代旗袍造型的迁演脉络，探究与之相对应的技术手段，并通过设计实践来验证研究中提出的假想——这一由表及里并通过实践完善整体思考逻辑的研究体系在目前已知的研究中尚属空白，为以后的理论研究开拓了新的方向，也为服装设计师的设计实践提供了新的思考模式。

第三节　框架及方法

本书以“如何实现中国服装文化传统的现代化转化”为研究目的，以20世纪20~30年代旗袍造型为主要研究对象，从现象分析入手，逐步追根溯源，通过以下五个步骤展开研究与实践探索，书中五个主要章节既相对独立，又逐层递进、互为因果。第一，梳理学术研究与设计实践现状，通过对旗袍词义的解读、相关论文与著作的梳理、旗袍在日常生活与现代设计中的状况分析，总结当代旗袍的主要特征，为此后的研究明确方向。第二，以目前对于旗袍整体造型研究严重不足的现状为突破口，针对20世纪20~30年代旗袍整体造型展开分析，总结造型迁演规律。第三，以旗袍整体造型演进规律为基础，通过查阅书籍、寻访老艺人、分析实物数据等方法，抢救性挖掘与整理当年旗袍的造型技术，从技术的角度进一步补充分析造型特征，进而总结当年旗袍造型迁演过程中“变与不变”，即如何继承传统、如何创新。第四，以传统技术传承为基础，探究技术背后的思想根源，回归中国传统服装思考序列，寻找20世纪20~30年代旗袍中隐含的传统基因。第五，以此前的造型研究、技术分析、思想探究为基础，以传承中国传统服装文化为目的，以当代服装为载体，在国际化的视野中展开服装设计实践，探索中国传统服装文化在当代的呈现形式与表达手法。最后对本研究与实践进行总结，并展望中国传统服装文化的未来。

20世纪20~30年代距今已经近百年，旗袍发展到今天也已经同当年的形态相去甚远，加之当年的旗袍在近几十年间长期被忽视，导致目前可查阅的文献资料与现存的实物资料零散繁杂、不成体系。本书收集到的素材包括：20世纪20~30年代旗袍实物、文献中的旗袍图像、文献与文学作品中有关旗袍的文字、文献中旗袍裁制与制作的图形与文字、老艺人的传统手工技艺访谈记录等。研究以实物与文献互证的“二重证据法”为基础，辅以图像与口述史的分析，努力获取最有效的信息展开分析研究，最终将研究成果以现代设计实践的形式表达。

唐詩

第二章 学术研究与设计实践现状

第一节　旗袍词义解读

无论是20世纪上半叶华裔影星黄柳霜在好莱坞惊艳欧美的中装造型，还是20世纪80年代国内流行一时又广为诟病的“迎宾制服”，抑或21世纪以来中国女性在国际舞台上惊艳呈现的“旗袍礼服”，旗袍作为在现实生活中还存在着的“传统”流传至今。与旗袍的广为人知形成鲜明对比的，是人们对旗袍词义内涵理解的不甚确切，甚至学术界对此也莫衷一是。

一、字义解读

（一）旗、袍

从旗袍的字面意思上已经反映了袍服与“旗人”的渊源。清太祖努尔哈赤统一女真各部后，将部众划分为红、蓝、黄、白、镶红、镶蓝、镶黄、镶白八旗，建立八旗制度。此后皇太极改“女真”为“满洲”[1]，满洲人编入旗籍分别归属在八旗之内称作“在旗”，所以满洲人也称“旗人”。尽管清时期除了“满洲八旗”外，还有“蒙古八旗”和“汉军八旗”，但习惯上仍称满族人为旗人。旗袍中的“旗”字特指满洲八旗，标示着词义里曾经的少数民族属性。

袍是中国服装史上资历颇老的服装类别，早在《诗经》《国语》中已经出现“袍”的名称。根据《诗经·秦风·无衣》中的诗句“岂曰无衣，与子同袍”判断，袍服在周代时就已经在军旅中被广泛穿着。与现代袍的字义不完全相同的是，先秦时期的袍特指纳有旧棉絮的“内衣（不能直接外穿的衣服）”[2]。自汉代开始，袍逐渐普及并作为外衣出现，形制也日渐丰富，此后各朝代的很多民族都把袍服作为日常便装与礼仪服装普遍使用。清代段玉裁在《说文解字注·衣部》[3]中提到：袍，古者袍必有表，后代为外衣之称。总结了袍从内衣到外衣的转变过程。几千年来，除了材质、功能的变化外，袍的主要形态特征基本

---

[1] 满族是以女真人为主体，融合部分了汉、蒙古等民族而逐渐形成的民族共同体。皇太极对族称的更名为后来“满族”族称的形成奠定了基础，辛亥革命之后，开始确定族名为满族。

[2]《释名·释衣服》中解释袍为：袍，苞也。苞，内衣也。《礼记·丧大记》上说：袍必有表，不禅。郑玄注：袍，亵衣。必有以表之，乃成称也。又有《礼记·玉藻》中说：纩为茧，缊为袍，禅为絅，帛为褶。

[3] 许慎. 说文解字注 [M]. 段玉裁，注. 上海：上海古籍出版社，1981.

没有变化[1]。直至20世纪20年代，再次出现在中国社会生活中的旗袍依然沿袭着“上下一体的长衣服”这一主要造型特点。

（二）旗人与袍

满族先民很早就在东北地区苦寒的长白山、黑龙江、乌苏里江一带以渔猎为生，后来随着生活空间向西、向南的扩张，生活方式也开始转向游牧与农耕。由于长袍罩体可以最有效地抵御风寒，所以袍服凭借良好的保暖性能而成为他们的着装首选。当时的旗人无论男女老幼都穿长袍，造型上并没有显著的性别与年龄差异。而且旗人长袍也同样采用中国传统的一整片衣料通身连裁的造型手法裁剪制作。但相比而言，由于旗人有着悠久的游猎传统，所以他们的袍服仍然保留着典型的马上民族的服装特点，旗人的袍也因此具有相对独到的特征。第一，汉人的袍（尤其在宋、明时期）大多采用交领或对襟的结构，而旗人的袍则多使用圆领、斜衣襟的结构，紧紧围绕着颈项的闭合式领形具有牢固的适体效果，不仅可以锁住服装与人体之间的空气，起到保暖御寒的作用，还可以最大限度地满足渔牧狩猎时肢体活动的功能需求。第二，汉人的袍以衣带系结居多[2]，而旗人的袍则主要以纽扣系结，两种系结方式的牢固度不言而喻，这样的差异同样是由于游牧民族生活方式对服装提出的功能限定。第三，汉人袍的造型相对宽大，尤其是袖子部位，宋、明时期都曾经出现过非常宽松肥大的袖形。而旗人的袍则相对适体，为了便于日常劳作与骑马射猎，旗人袍服的衣袖非常紧窄，甚至为了塑造更加适合手腕的造型而在袖口处设置了开衩与扣襻的结构。第四，汉人的袍大多底摆无衩或只在左右两侧的侧缝开衩，旗人的袍在两侧开衩的同时还有前后中心也开衩的造型出现，这样的结构同样是出于功能需求——长袍完整的前后衣襟不适用于骑马射猎，而前后中心开衩后所形成的四片衣襟则可以在骑马时分别搭在马背的两侧，既保证了衣襟的舒展悬垂，又实现了遮挡腿部御寒挡风的功能。

---

[1]《急就篇》卷二中有“袍襦表里曲领裙”的记载，颜师古注：长衣曰袍，下至足跗。《释名·释衣服》上解释为：袍，丈夫着下至跗者也。现代对于袍形态的解释基本与历史一致，《现代汉语词典》中解释为：妇女穿的一种长袍。百度百科解释为：直腰身、过膝的中式长外衣。

[2] 中国何时开始使用纽扣固定服装尚无定论，目前大多认同服装上使用纽扣系结的形式至少在唐代已经出现，并且得到出土实物的证实。明代汉族女装上使用纽扣系结的手段也曾经比较普遍，但总体看纽扣在满族服饰中的作用更具代表性。

旗人从东北地区入主中原后，由原始的渔猎游牧生活转向了稳定的农耕，也由最初在苦寒之地为生计辛苦劳作变为享有朝廷俸禄。社会身份的转换决定了生活方式的变化，中原强大的服装文化也极大地促进了旗人服装的发展，清朝三百年间，以皇族为代表的旗人痴迷于汉族服装文化中华丽的丝绸材料、精湛的刺绣工艺、寓意吉祥的图案，以至于发展到清朝末年时旗人长袍的实用功能已经让位于装饰功能。但满族统治者在面对强大的中原文明冲击时，也动用了强制手段来维持自己的民族传统，因此总体看来，即使到了清朝政权被推翻的时代，旗人长袍与汉人长袍的差别依然显著，旗人长袍上的圆领、盘扣、窄袖、开衩逐渐成为满族服装的经典符号，进而直接影响了20世纪初期旗袍的形成与发展。即便到了百年以后的今天，这几个符号仍然延续在当代旗袍的结构中。

（三）旗、袍与旗袍

旗袍中的“旗”，是与满族服饰文化曾经发生密切关系的最直接证明，反映了旗袍发展中曾经具有的少数民族属性。但旗袍又不能说是只属于旗人的民族服饰，因为现在的旗袍并非特指旗人的长袍，而是全球华人女装的代表服饰，旗袍历经近百年的发展已经脱离了某一个民族的限定而具备了全民属性。而且，中国历史发展的特殊性也印证了没有绝对真空的“原生文化”这一观点，旗人的袍是在与汉、蒙等民族相互融合演进的过程中逐渐形成的[1]，而非绝对的“原生服饰”，这也恰恰体现了中华民族多元一体、和而不同的服装文化特质。从字义上看，现在的旗袍脱胎于旗人长袍，但所指早已超出了旗人的范畴。

旗袍中的“袍”揭示了旗袍的历史原点，说明旗袍传承了袍——这个中国古老服装类别的基因，确定了旗袍——这一曾经深受少数民族文化影响的服装类别与中国传统文化的直接血缘关系。一个有趣的现象是，经历了近百年的演进之后，发展到今天的旗袍结构形态大多已经从衣襟前开转变为衣身闭合（依靠拉链开合来满足穿脱功能需求，衣襟仅起到装饰作用），从而脱离了现代汉语中“袍”的范畴而更加接近于西方连衣裙的造型。可见在服装与文化流变过程中，随着

[1] 袁杰英在《中国旗袍》一书中提到：(袍服)其形式世代相传，从西周时期的麻布窄形筒装，延传其后，同时也受元代蒙(古)族妇女长装的影响，一直是以简约的直身为基本样式，均称“旗袍”。包铭新在《近代中国女装实录》中也指出：旗袍，具有中国民族特色的一件套女服，由清代旗人之袍装演变而成，但也受古代其他袍服的影响，流行于近代。

旗袍形态的逐渐演进，旗袍的词义也呈现出不断发展的动态性特征。尽管旗袍的形成与发展曾经具有鲜明的袍的特征，但时至今日，旗袍已非袍。

旗与袍承载着旗袍演变过程中不同的历史基因，也是中国服饰发展的历史见证。随着旗与袍两个字合为一体之后的发展演进，旗袍逐渐成为一个既不只是满族的长袍、也不同于传统袍服的全新名词。今天的旗袍早已脱离了“旗”的限定，也模糊了“袍”的特征，旗袍这个专有名词既包含着曾经的历史渊源，又呈现出全新的服装面貌。

二、词义梳理

“旗人的袍是否属于旗袍、旗袍与旗人之袍是否有关联”这些问题，是近年学术界讨论的焦点，综合现有文献中的解释可以大体归纳为两类观点。第一类观点认为旗袍的词义包括清代旗人的袍，是辛亥革命以后在旗人袍的基础上改良而成的服装，这也是目前学界普遍认同的观点[1]。第二类观点认为旗人的袍不属于旗袍，原因是满语中并没有旗袍这个词，旗人称本民族穿着的袍为“sijigiyan”（满语）而非旗袍，所以旗袍一词在历史上并不是满族人对本民族袍服的自称。持这一观点的学者甚至认为，不仅旗袍不是旗人之袍的称谓，甚至旗袍与旗人之袍都没有传承关系[2]。

---

❶ 袁杰英在《中国旗袍》中明确指出:旗袍属于满族的民族服装。郁风女士在该书的序言中也给旗袍做了类似的定义:旗袍,顾名思义,是指清朝满人入关前后八旗妇女的衣袍,即以满、蒙为主体的关外妇女的常服。沈从文先生在《中国服饰史》中提到:20世纪20年代开始,妇女喜爱上由满族女装演变而来的旗袍。《服饰与考证》一书对旗袍的定义也持同样的观点:旗袍,顾名思义,本是满族妇女(即旗人女性)的主要服装。旗袍在形成过程中,吸收了辽、金以及蒙古的袍服制。而后成为具有本民族特色的服装。《中国历代服装、染织、刺绣词典》的解释是:由满族妇女的长袍演变而来,由于满族被称为“旗人”,因而这种长袍称为“旗袍”。《辞海》中对于旗袍的解释是:旗袍原是清满洲旗人妇女所穿的一种服装,辛亥革命后,汉族妇女也普遍采用。经过不断地改进,一般样式为:直领,右开大襟,紧腰身,衣长至膝下,两侧开衩,并有长、短袖之分。《中国衣经》中也提到:长袍,亦称旗袍,满语称“衣介”,是旗人特有的袍子……从清代至民国年间,无论汉满、男女、城乡、贫富,一般人都有一件旗袍。妇女穿的旗袍,因能体现女性优美体态,一直延用至今,被誉为中华妇女的“国服”。

❷ 卞向阳在《论旗袍的流行起源》一文中谈道:从历史的沿革角度考虑,自19世纪末起包括服装在内的部分旧传统习俗就被有识之士当作妨碍中国进步的障碍,1911年辛亥革命期间废除了清代的服装礼仪制度,还发生了短暂的排满风潮,其后又有“五四”新文化运动的洗礼,在受西方文明影响最早也最大的上海,复制清代旗装袍的社会条件似不充分。再从旗袍的使用群体角度分析,旗袍初始的穿用者和最早的倡导者是都市中受西学影响较深的学生等社会群体,她(他)们绝大多数是汉族人,她(他)们的祖先在清初经过流血抗争才为汉族妇女取得不穿满式服装的权利,服装史上由此有了清代女装的“汉装(Han Style 或 Chinese Style)”和“旗装”之分,尽管自清末起上海女装就是西洋东洋、汉装满装兼而有之,但要让其照搬曾为之唾弃的旧传统服装少有可能。由此可见,旗袍与清代旗装中的袍应该不会有直接的渊源关系。

针对以上争论，不妨追溯到旗袍一词的起源来寻求答案。在著名的刺绣专著《雪宧绣谱》中，谈绣花工具的章节里有这样一句话："绷有三：大绷旧用以绣旗袍之边，故谓之边绷。"这是目前已知出现得较早的旗袍一词。这本绣谱是沈寿口述、张謇笔录整理、由南通翰墨林书局在1919年出版的，按年代推算，此处的旗袍应指旗人的袍。"近来海上女界旗袍盛行，闺秀勾栏，各竞其艳。❶"这句话刊载在1920年1月18日的《时报》上，同样是在20年代初期明确地使用了旗袍一词，从句子的大意来看指的是当时流行的旗袍。到了1934年，《时报》一篇名为《旗袍的沿革》的文章中清楚地说明了当时使用的旗袍一词与清代旗人的袍的关系："旗袍本来从前是旗人所穿的，但是到了目今呢，却成为摩登的时装了。❷"1940年出版的《良友》第一五〇期中也明确地阐述了旗袍一词的来源与所指："旗袍这两个字虽然指的是满清女子的服装，但从北伐革命后开始风行的旗袍，早已脱离了满清服装的桎梏，而逐渐模仿了西洋女装的式样，成为现代中国女子的标准服饰了。❸"

尽管分析旗袍一词出现之初的词义可以明确旗袍与旗人的袍的关联，但情形并没有因此而完全明了，在两种观点的论述中，都涉及"旗装"一词。旗装与旗袍又有什么关联呢？如果从解读词义角度展开分析的话，还有几个与旗袍密切相关的词都不能回避——旗装、祺袍、民国旗袍、港台旗袍、当代时装旗袍。

（一）旗装、祺袍与旗袍

《中国旗袍》一书中曾写道："从此，满族就被称为'八旗'或'旗人'，所着的服装也就统称'旗装'❹"。在《百年衣裳：20世纪中国服装流变》中也提到："满族妇女多穿本民族传统服装——长袍，亦称'旗装'。旗装衣袖较汉女装窄些，至清末旗装袖口平且宽大。❺"依此说法，旗装主要指旗人妇女所穿的长袍，应该包含在旗袍的词义范畴之内。

在1926年2月27日上海发行的《民国日报》上，一篇名为《袍而不旗》的短文曾提出将旗袍改称为"祺袍""中华袍"的提议，但都未

---

❶ 佚名. 暖袍 [J]. 时报，1920(3).
❷ 佚名. 旗袍的沿革 [J]. 时报（服装特刊），1934.
❸ 佚名. 旗袍的旋律 [J]. 良友，1940(150)：67.
❹ 袁杰英. 中国旗袍 [M]. 北京：中国纺织出版社，2000：9.
❺ 袁仄，胡月. 百年衣裳：20世纪中国服装流变 [M]. 北京：生活·读书·新知三联书店，2010：44.

成功。不过，虽然当年“祺袍”的名称并没有被认可，但在现在的台湾地区还可以见到祺袍的提法。台湾出版的《祺袍制作与体型研究》一书中明确说明了“祺袍”一词的产生过程：“民国六十三年（1974年）元旦，中国祺袍研究会在台北成立，大会中邀请中国服装史专家王宇清教授举行专题演讲，讲题是‘祺袍的历史与正名’，讲词中主张改‘旗袍’为‘祺袍’，以表示幸福吉祥之意，当场获得大会通过，作成决议案，并呈报主管行政机关备查，这就是‘祺袍’一名的由来。[❶]”书中叙述的主体是20世纪20年代以来的旗袍，所以文中提及的改“旗”为“祺”显然是由于当时的旗袍已经脱离了“旗人”所限定的少数民族属性，而改“旗”为“祺”也可以充分彰显汉文化中的祥瑞寓意，并借此来强调现代旗袍的全民族属性。总之，祺袍是当今台湾地区对20世纪20年代以来旗袍的称呼。不过，尽管台湾地区使用祺袍一词已经“报主管行政机关备查”，但一直以来都处于旗袍、祺袍两个词共用的状态[❷]。

（二）民国旗袍、港台旗袍与当代时装旗袍

针对旗袍词义解读的复杂状况，《中国旗袍》一书将旗袍的含义做了广义与狭义两个方面的概括：“广义上说，旗袍经历了清代的旗女之袍，民国时期的新旗袍和当代时装旗袍三个时期的发展，其中以民国时期的新旗袍最典型也最为重要。狭义地说，旗袍就是民国旗袍，当然还可以包括民国以后基本保持民国旗袍特征的旗袍。[❸]”以广义、狭义的方式梳理旗袍词义的内涵，在一定程度上解决了词义混乱的问题，同时文中用了“民国旗袍[❹]”与“当代时装旗袍”两个词，以时间为线索将各时期的旗袍区别开来的方法也为解读旗袍词义提供了思路。

对应前文提到的旗袍的四个主要发展时期，相关名词的所指也逐渐清晰。其中，第一个时期包括旗人入关前的袍服与清代袍服，此时的旗袍也称旗装，入关前主要使用于旗人聚居的东北地区，入关后则以政治统治中心——北京为核心。第二个时期的旗袍通常被称作民国

❶ 崔爱梅. 祺袍制作与体型研究 [M]. 台北：环球书局，1996：1–2.
❷ 2013 年出版的《旗丽时代》一书中就仍然使用“旗袍”一词。
❸ 包铭新. 中国旗袍 [M]. 上海：上海文化出版社，1998：11.
❹ “民国旗袍”是国内服装界的一种约定俗成的叫法。旗袍完成从旗人袍服向现代服饰转变最关键的时期出现在 20 世纪 20~40 年代，这段时间正处在国内的民主革命时期，通常为了便于将这一重要时期的旗袍与其他时期区分，而称作“民国旗袍”。

旗袍，当时的流行以上海为主导❶。第三个时期的旗袍由于在我国香港和台湾地区，以及东南亚的华人圈中被广泛使用，而被称作“港台旗袍”❷。第四个时期的旗袍通常被称作当代旗袍、时装旗袍或当代时装旗袍，广泛流行于中国各地，以及世界其他国家的华人生活圈。

三、小结

在当今的社会生活与理论研究中，旗袍称谓与解读的混乱不清是毋庸置疑的事实，梳理旗袍的含义对旗袍文化研究具有重要的意义。通过对旗袍的字义与词义梳理最终形成以下观点：

第一，旗袍是流传至今的中国传统服装。从历史的角度看，旗袍继承了中国袍服的传统；从民族的角度看，旗袍融合了汉、满等民族的服装文化；从发展的角度看，旗袍在不同历史时期始终与时俱进地吸收外来文化，进而适应时代发展与社会生活需求，因此迁演传承至今。

第二，现在所说的旗袍无论以时间、地域，还是形态来划分，都不是某一个民族、地区所流行的某一类特定服装的特指，而是包含旗装在内、经历了数百年发展的一个广义的名词。

第三，旗袍最初作为汉民族对满族服装的称呼而出现，随着辛亥革命以后社会的变迁，进入“现代化”革新的旗袍已经褪去了满族服装的单一民族特质，因此民国时期的旗袍开始脱离原始意义上的旗、袍的概念而成为一个专有名词。

第四，旗袍类别的称谓综合了民族、地域等多个角度，呈现出复杂的状态。以时间与流行地域的方式细分旗袍种类是目前解读旗袍最有效的方法，以时间为线索分类依次是旗装、民国旗袍、港台旗袍、当代时装旗袍。台湾地区使用的祺袍所具有的含义基本等同于前面提到的民国旗袍、港台旗袍与当代时装旗袍（表1–1）。

---

❶ 20世纪20~40年代的中国处于复杂的社会变革时期，旗袍的出现与发展在中国各地并不同步，更有“京派旗袍”“海派旗袍”之说，但总体看来，上海的旗袍发展相对更加具有代表性，也具有更加深远的影响，这一观点与很多著作的论述一致。例如：“作为海派文化的重要代表，海派旗袍便成为30年代旗袍的主流”（《中国旗袍》第29页），“上海是现代旗袍的策源地”（《百年衣裳》第155页）。因此，本文的分析也是以上海的旗袍为主体，辅以北京、天津等地旗袍资料，共同研究。

❷ 刘瑜在《中国旗袍文化史》中也用同样的方式分类，将旗袍称作“民国旗袍”“港台旗袍”。并解释道：1949年以后，随着战后以上海为代表的内地移民南迁入港，海派旗袍在香港得到了广泛的响应，并促使香港旗袍在20世纪50~60年代形成黄金时期。

表1-1 按时间与流行地域细分的旗袍种类

总称	名称		时间	流行地域
旗袍	旗装		20世纪20年代以前	东北地区、北京
	祺袍（台湾地区）	民国旗袍	20世纪20~40年代	以上海为中心
		港台旗袍	20世纪50~70年代	中国香港地区、中国台湾地区、东南亚地区
		时装旗袍	20世纪80年代至今	中国

第二节 学术研究回顾

旗袍作为实现了从传统向现代的转变、并辗转流传至今的中国传统服装代表，在服装专业论文与著述中频繁出现。目前可查阅的与旗袍相关或以旗袍为专题研究的著作有20余本，有关旗袍的论文数万篇。总体来看，关于当代时装旗袍的论文占有绝大比例，目前尚无针对20世纪20~30年代旗袍造型的专著出版，以这一时段为主题展开研究的论文也屈指可数。本文虽以20世纪20~30年代旗袍造型为主要研究对象，但会涉及其他时期的历史、文化、技术，因此将回顾学术研究的范围扩展到广义上的旗袍。

一、相关专业著作

（一）将旗装或旗袍纳入服装史体系的史论类著作

改革开放以来，学术气氛的活跃促使传统服装文化的研究形成一个高潮期。几十年里，沈从文的《中国古代服饰研究》，黄能馥的《中国服饰通史》，缪良云的《中国衣经》，诸葛铠的《文明的轮回：中国服饰文化的历程》，安毓英、金庚荣的《中国现代服装史》，包铭新的《近代中国女装实录》，何德骞的《服饰与考证》，段梅的《东方霓裳：解读中国少数民族服饰》，满懿的《“旗”装“奕”服：满族服饰艺术》，杨源的《中国服饰百年时尚》等著作相继出版，尽管不是旗袍专著，但每部著作都从历史或民族的角度展开叙述，其中都提及了旗装或旗袍，都将旗袍纳入到了服装史的研究体系之中。

沈从文在《中国服饰史》一书中将1911年以后的服装统称为“近代服装”，虽然篇幅并不长，但从审美的角度评述了当时旗袍的主要特征。黄能馥在《中国服饰通史》的第十一章中将1911年以来的中国服装特征概括为“迈向平民化、大众化”，书中提及旗袍的篇幅也不长，但角度与沈从文强调工艺与曲线造型略有不同，黄先生将分析的重点转向了实用功能性。《中国衣经（历史篇）》中关于旗袍的介绍相对篇幅更长，指出旗袍“享有‘国服’之誉”，并提出“上海女学生引起旗袍流行”。1999年出版的《中国现代服装史》将旗袍列为一个独立章节，通过渊源、发展、改良、时装化、消沉、崛起等几个部分梳理了从满族旗人之袍到现代旗袍的发展历史。尤其是“旗袍与发型”“高跟鞋与旗袍”两节，将叙述拓展到旗袍之外的妆容配饰，体现了旗袍文化研究的宏观视角。2004年出版的《近代中国女装实录》中有六分之一的篇幅叙述旗袍的发展，这本书的特色在于以实物证史的方式展开研究，围绕着服装实物进行叙述，辅以文献与图像，书中为旗袍下了定义：“具有中国传统服饰元素的一件套女装。”并且提取了旗袍的特征：立领、大襟、缘饰和图案色彩等。2010年出版的《服饰与考证》是一部运用考证的手法梳理近现代服装史的著作，书中有两个以旗袍为主体的章节，通过“跳舞与时装创新”“放浪形骸是对风化的挑战”的叙述，充分再现当时那个东西交汇、思维激荡的社会面貌，并以独特的思考方法与视角，通过报刊、广告画、电影等媒介勾勒出当年旗袍的时尚流行。同样运用考证的手法研究近代服装的著作还有2008年出版的《中国妇女服饰与身体革命》，书中通过对150多份报刊资料的分析，较详细地考证了民国时期旗袍的演变与发展。该书的贡献还在于开始从身体与服装关系的角度研究旗袍的变迁，不仅提到了“放乳运动”与旗袍造型、审美的关系，同时也分析了东西方服装与人体的不同空间关系。

总体看来，目前中国服装史论著作中，论述的内容涵盖近现代部分的都会提及旗袍，充分说明了旗袍在中国近现代服装发展过程中的重要地位。各部著作分别从历史、文化、流行等角度梳理了旗袍的起源、发展及内涵，构筑起有一定深度、广度的旗袍研究体系。

（二）以旗袍为主题的专业著作

在以旗袍为主题的专著中，薛雁主编的《华装风姿：中国百年旗袍》、徐冬编著的《旗袍》都是以图文互证的方式，以年代为序罗列出每个时期的典型旗袍。对于旗袍文化有相对翔实的记述与分析的专著主要有三部：1998年包铭新主编的《中国旗袍》，2000年袁杰英编著的

《中国旗袍》，2011年刘瑜出版的《中国旗袍文化史》。

包铭新主编的《中国旗袍》除了以时间为脉络分析旗袍的流行轨迹之外，还运用了比较研究的方法，通过旗女与汉女着装比较、旗人之袍与旗袍的比较来分析旗袍独到的服装特色。并通过旗袍的审美、旗袍的京派与海派、艺术家与旗袍、设计师与旗袍、老照片上的旗袍、月份牌上的旗袍、旗袍典藏等专题展开对于旗袍的全景式分析。袁杰英编著的《中国旗袍》从历史起笔，一直叙述分析到现在、未来，书中叙述了旗袍的起源、演变发展，分析了旗袍的文化艺术价值，并从设计、技艺传承等方面展望旗袍的将来。书中以设计的视角分析旗袍的方法在相关著作中独树一帜。随后出版的《中国旗袍文化史》注重旗袍的历史传承叙述。全书从袍服的历史开始，以时间为线索将旗袍的前身与发展历史归纳到几个地域文化圈中，分别以“东北篇（1644年以前）”“北京篇（1644~1919年）”“上海篇（1920~1949年）”“港台篇（1949~1977年）”“全球篇（1977年以后）”为题，梳理旗袍的形态演进与文化变迁。

几部旗袍专著成书于近20年间，从历史、文化、审美、流行等角度展开对旗袍的分析，研究方法与侧重点各有特色，但专著中的研究均未涉及对旗袍技术史的梳理。

（三）技术层面的专业著作

旗袍经历了从旗装到当代时装旗袍的漫长迁演，最终成为中国传统服装的代表，其独具特色的造型手法与缝制技艺是保证旗袍文化独树一帜的重要因素，这两个方面通常称作裁剪与缝制。1935年湖南省立农民教育馆编印的《高级民校中服裁法讲义》，1938年淮新女校编印的《中服裁法讲义》，1948年广州岭东裁剪学院主任卜珍著的《裁剪大全》（图2–1），三本书中都收录有旗袍的裁制方法，属于技术方面记录旗袍传统造型方法的非常珍贵的早期书籍。近年出版的著作中内容涉及旗袍裁剪与缝制的主要

图2–1　1948年出版的《裁剪大全》

（图片来源：私人收藏）

有：1980年刘瑞贞著《旗袍裁剪法（修订本）》，1985年杨明山、袁愈焰编著《中国便装》，2000年郑嵘、张浩著《旗袍传统工艺与现代设计》。此外，还有台湾地区杨成贵编著的《中国服装制作全书》与崔爱梅编著的《祺袍制作与体型研究》等。以上著作或从裁剪制板的角度，或结合缝制技艺展开分析叙述，内容翔实丰富。《中国服装制作全书》是台湾的旗袍制作大师杨成贵的著作，书中从工具、量体、裁剪、制作等几个方面全方位地记述了旗袍造型与制作技术。《旗袍传统工艺与现代设计》一书除了梳理旗袍的材料工艺、结构原理之外，还从意蕴、形与神等角度分析了旗袍中承载的中国服饰文化传统，开始将视角从单纯的技术层面转向文化与设计传承。总体看来，目前的著作对旗袍缝制手工技艺的梳理与归纳相对完整充分，而对于旗袍裁剪造型方面的研究尚显不足。众所周知，从旗装发展到当代时装旗袍的百年间，旗袍经历了多次变革与演进，民国旗袍实现了旗袍由传统的宽大造型向现代的适体造型的转变，旗袍发展转入我国港台地区之后又发生了从传统裁剪手段向西方裁剪造型手段的转变。目前关于旗袍造型技艺的梳理基本集中在后者——运用西方收省破缝、分片裁剪的技术制作旗袍，而对于民国旗袍运用中国传统整片通裁的技术研究几乎是空白。

对于这项与现代时装旗袍造型手段迥然相异的中国传统技术有所涉及的著作主要有六部。《高级民校中服裁法讲义》中收录的三个造型与旗袍裁剪有关；《中服裁法讲义》中有“套裁女长衣图”一节；《裁剪大全》中收录了一种“偷襟旗袍”的造型方法；《中国便装》中收录了一种手法，称作：“女式平袖圆大襟长旗袍”；《中国服装制作全书》中收录“无肩缝连袖的宽敞祺袍”“宽松大摆的直线袖祺袍”两种传统造型手法；在2013年出版的《中华民族服饰结构图考·汉族编》一书也从传统结构研究的角度测绘，复原了一件民国初年的旗袍，书中运用“二重证据法”展开研究，并将服装结构与历史传承的关系作为全书的主线，以技术为载体探讨中国服装文化传统基因。

二、学术论文

（一）有关旗袍研究的早期文章

自20世纪20年代开始已经陆续有文章评论当时的女装变迁，其中对于旗袍产生与发展的评述占有极大的比例。1924年，《妇女杂志》发表文章《女学生的着装问题》，文中曾提及当时流行的新式旗袍。此后北京、上海、广州等地的杂志相继发表了《男女装束势将同化》《海上新妆话》《云想衣裳记》《时髦的女子》《妇女服饰之变化》等文章，从思想观念、社会需求、时尚审美等方面讨论以旗袍为代表的女装变迁。在《清末民初中国各大都会男女装饰论集》中刊载的《近数十年来中国男女装饰变迁大势》《近数十年来中国各大都会男女装饰之异同》《近二十五年来之中国各派装饰》三篇文章，比较全面地分析了当时中国女装的现代化转变。进入20世纪30年代以后，开始有学者关注服装历史的梳理。1934年，天津《大公报》发表文章《北平妇女服装的演变及其现状》，次年又发表《近三百年来的中国女装》，1943年，《新东方》发表文章《三百年来中国女子服饰考》。这些文章虽然主要是在叙史，但都提及了当时社会的旗袍变迁，并肯定了旗袍在中国服装转型过程中的代表地位。1940年《良友》杂志刊载文章《旗袍的旋律》对后人的旗袍研究影响较大（图2-2），这篇篇幅并不大的文章，图文并茂地回顾了旗袍的出现与发展，并借鉴西方的流行研究理论，确定了以裙长为主线的研究方法，这几乎确定了后人研究当年旗袍的主体基调，时至今日的绝大多数与旗袍形态相关的书籍或论文中还都延续着同样的思路。

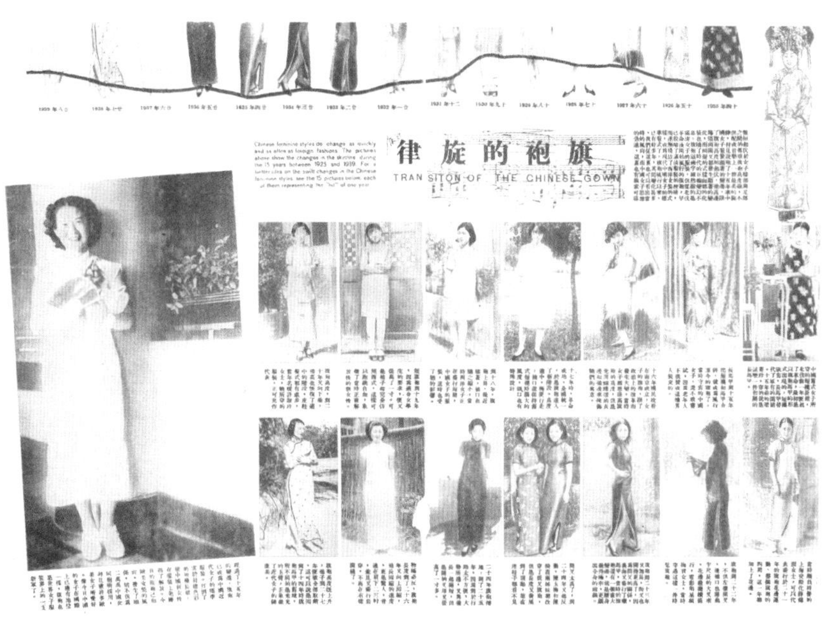
律旋的袍旗
TRAN SITON OF THE CHINESE GOWN

图2-2 《良友》杂志中的文章《旗袍的旋律》

（图片来源：《良友》第一五〇期，1940年：63-64）

与民国旗袍的流行同步发表的这些分析旗袍的文章，内容涉及社会、历史、文化、生理、审美等多个方面，是研究民国时期旗袍的形成与发展的重要文献资料，但由于当时社会对技术的“歧视”，所以目前尚未发现整理或研究旗袍造型技术的文章。

（二）当代有关旗袍研究的学术论文

目前可查阅到的与旗袍相关的学术文章有5万余篇，与旗袍文化相关的博士论文3篇。在为数众多的论文中，有价值的论述大体可以分为三大类：历史文化与造型美学、技术、设计实践。

历史文化与造型美学方面的研究论文数量最多，大多围绕历史、美学、符号学、社会学、伦理学对旗袍进行分析。博士论文《现代女装之源：1920年代中西方女装比较》将旗袍作为20世纪20年代中国女装的代表，从历史背景、社会思潮、着装心理、审美情趣、形成与发展等角度展开深入分析，该篇论文是目前对于20世纪20年代旗袍的社会文化根源挖掘得最为深入的学术成果之一。

在五万多篇论文里，对旗袍技术研究的论文相对较少，针对民国旗袍造型的裁剪、缝纫手段展开深入研究的论文更不多见。目前查阅到的论文主要运用图片分析、实物测量、数据整理等手法研究当时的旗袍造型，很多论文都把研究重点放在旗袍造型由平面到立体的演变，即中国传统技术向西式裁剪技术过渡的方面，对于中国传统整片通裁技术的整理尚不够深入。

从数量上看，围绕旗袍展开设计实践的论文并不少，大多是服装设计专业的学士、硕士学位论文。绝大部分论文都是从设计师的视角出发提取旗袍中的传统元素，结合当代流行趋势展开创新设计，很多论文分析明晰，但设计思考仍可深入，这也是目前绝大多数应用类论文的普遍特点。

三、外文著作与论文

民国时期美国人E.A.罗斯发表的《变化中的中国人》与英国人阿绮伯德发表的《穿蓝色长袍的国度》中，都谈到了中国近代社会的变革、工业发展、民族性格，以及妇女解放与服装形态，其中仅提及旗袍而未展开叙述。瓦莱西·斯代尔（Valerie Steele）、琼·S. 马约尔（John S.Major）所著的《中国时尚：东方遇见西方》（*China Chic*: *East Meets*

West）里用了更大的篇幅论述旗袍，书中从文化与设计两个角度展开研究，以独特的视角分析了西方设计师眼中的中国时尚。哈泽尔·克拉克（Hazel Clark）2000年编写的《旗袍》（*The Cheongsam*）一书分别从起源、现代化的形象、流行与衰落、发展与变化、制作与造型、复兴与东方情调几个角度梳理了旗袍的发展与风格，虽然全书的篇幅不长，但已经是迄今为止西方人对旗袍研究框架相对完整的专著。2012年新加坡国家博物馆出版了《旗袍的情调》（*In The Mood For Cheongsam*），虽然书中叙述内容是以20世纪50~70年代新加坡流行的旗袍为主体，但在绪论中花了较大篇幅梳理了旗袍的起源与发展，并附上旗袍词汇表，这部由博物馆主编的专著为研究民国时期旗袍的发展提供了翔实的佐证资料。

第三节　设计实践现状

美国大都会博物馆2015年举办的名为“中国·镜花水月”（China：Through the Looking Glass）的展览无疑是当年全球重要时尚事件之一。展览策展人是美国大都会博物馆服装学院院长安得烈·伯顿（Andrew Bolton）表示：“自16世纪与中国建立外交以来，西方一直对于东方既神秘又难以捉摸的器物和纹饰心驰神往，时装设计师也由此激发无限灵感，从保罗·波烈（Paul Poiret）到伊夫·圣·洛朗（Yves Saint Laurent）。知名设计师作品中不乏由此产生幻想、浪漫和怀旧情怀……这些设计师从中国的书法、纺织品、工艺品上获得了灵感，自由地进行着创作和想象，给这些元素赋予了新的含义。东方和西方、艺术和时尚、古典与现代，彼此交融、相互影响，碰撞出新的火花的整个过程，是本次展览的核心。”

展览通过大量中国金银器、书法、青花瓷器、漆器、景泰蓝、玉器、服装等传统文化珍品与130余件高级时装、成衣作品相互呼应的展示，呈现出灵感来源与设计作品的对应关系。珍妮·朗万（Jeanne Lanvin）1924年发布的黑色丝裙上绣有汉代铜镜图案；克里斯汀·迪奥（Christian Dior）1951年推出的鸡尾酒会小礼服上的书法来自张旭《肚痛帖》碑文的清拓本；罗伯托·卡瓦利（Roberto Cavalli）设计的2005秋冬大鱼尾礼服裙上刺绣着中国青花瓷纹样；拉尔夫·劳伦（Ralph

Lauren）2005秋冬系列的一件晚礼服后背是中国龙的图形；同时展出的纪梵希（Givenchy）A形小礼服裙的裙摆上也有云龙图案；卡尔·拉格菲尔德（Karl Lagerfeld）1984年推出的香奈尔礼服上的珠绣图案源于香奈尔家中的中国屏风；意大利的瓦伦蒂诺（Valentino）也频频从中国寻找创作灵感，展出的红地绣金套装灵感也来自中国红漆屏风。展品中还包含了与清代袍服以及民国旗袍相关的服装实物与现代设计作品，这部分内容在整体展览中占据了很大比例：一件20世纪20年代的红色礼服大衣上出现了清代袍服上的海水江牙图案；汤姆·福特（Tom Ford）在为圣罗兰品牌设计的2004秋冬系列礼服的灵感来自清朝的龙袍（图2-3）；约翰·加里亚诺（John Galliano）设计的迪奥1997秋冬全系列礼服都脱胎于中国旗袍（图2-4）。

有一个问题值得关注：在这个将中国历史文化与西方现代时尚并置的展览中，为什么旗袍和以旗袍为灵感的设计作品占如此大的比重呢？中国厚重的文明史与丰富的服装史中有太多精彩的内容值得展现，旗袍可以代表中国的历史文化吗？事实上，东方文化之于西方世界一直是神秘陌生的，这个展览不仅体现了西方社会对中国传统文化的"碎片式"理解，更是以西方的视角看待中国历史文化，这恰恰契合了这个展览的主题，西方设计师眼中的中国就如同水里月 、镜中花。从某种程度上讲，在很多西方人的概念中，谈及中国服装历史传统只知旗袍，旗袍就是中国传统服装的一个符号。事实上不仅西方如此，旗袍在当代中国也同样作为传统的服装符号存在着。

3 | 4

图2-3 汤姆·福特设计作品
（图片来源：http://www.ysl.cn）

图2-4 加里亚诺设计作品
（图片来源：http://image.baidu.com）

一、作为服装的旗袍

（一）西方人与中国旗袍

如果说清时期的袍服给西方社会的印象如同强弩之末的中国封建社会晚期一样既华丽又腐朽的话，民国旗袍则带给西方人一个全然不同的感受，当时他们对这个既满溢东方情调又非常时尚现代的服装充满了好奇。电影成为传递东方流行信息的重要载体，尤其是当时活跃在好莱坞的华裔影星黄柳霜在银幕上和生活中呈现出的东方造型，成为西方人印象中的中国妇女典型形象。“出生于中国的黄柳霜是首位在好莱坞电影里担当主要角色的亚洲演员。她总是穿得‘很中国’，这似乎是她给自己打的一个标签，而这也与20世纪20年代西方社会盛行的‘东方主义’（Orientalism）恰好吻合。[1]”作为第一个在好莱坞成名的华裔明星，黄柳霜是中国旗袍在西方世界的早期推广者，她穿着一件件形态婀娜的中式旗袍的形象风靡好莱坞，在西方世界掀起了一场声势浩大的“东方效应”（图2-5）。就像西方人吃腻了西餐牛排也会偶尔尝一尝东方的米饭炒菜一样，尽管在西方妇女眼中旗袍是一件具有远东风情的异域服装，但她们偶尔也会亲身体验一下这件“东方连衣裙”。自20世纪初开始，在中国进行着现代化演进的旗袍也时常出现在西方人的日常生活中。酷爱服装与珠宝、有着独特品位的温莎公爵夫人辛普森（Wallis Simpson）就曾经在早年间穿过当年流行的东方旗袍（图2-6）。

图2-5　穿着旗袍的黄柳霜
（图片来源：http://image.baidu.com）

[1] 凯莉・布莱克曼. 百年时尚 [M]. 张翎，译. 北京：中国纺织出版社，2014：136.

20世纪20年代以来，在当时国际外交舞台上频繁出现的旗袍又在西方社会掀起了一场“东方美风潮”，旗袍恰到好处的曲线造型、精湛独到的手工技艺与中国女性内敛温婉的气质相得益彰（图2-7）。作为成功进入现代社会、独具东方韵味的中国服装的代表，旗袍对当时的西方服饰流行也曾经产生一定的影响。“1946年上海的《新闻周刊》还报道了旗袍在法国的际遇。那年法国各大时装店的时装新款，大多参照了旗袍垂直式样，袍长及踝，领圈装有纽扣。这些类似旗袍的时装，基本都以当时……的旗袍为设计蓝本，由法国时装业领袖巴莱利夫人借鉴创造设计而出。[1]”随着20世纪50~60年代旗袍在中国香港、台湾地区的“造型西化”，旗袍在裁剪造型手段上达到了与欧美对接，加之20世纪50年代以后的很长一段时间里我国香港、台湾地区都和西方国家保持着更密切的联系，所以旗袍的发展转向这两个地区之后，其形态的演化也基本保持着与国际流行同步（图2-8）。显然这一发展态势扫清了西方人接受旗袍的主要障碍，于是旗袍更加频繁地出现在西方人的日常生活中，当时的流行杂志上也曾经出现过介绍旗袍造型的裁剪纸样和设计效果图（图2-9）。近年来随着中国经济的崛起，全球再度掀起了新一轮的东方文化热潮，穿着旗袍的西方妇女人数呈上升趋势。千禧年以后，王家卫执导的《花样年华》在西方国际电影节上斩获大奖，影片里形态玲珑的港台地区旗袍再度风靡西方时尚世界。

格蕾丝·凯利（Grace Kelly）、伊丽莎白·泰勒（Elizabeth Taylor）、尼可·基德曼（Nicole Kidman）、娜塔莉·波特曼（Natalie Portman）、格温妮丝·帕特洛（Gwyneth Paltrow）、艾玛·沃特森（Emma Watson）等众多明星都曾经展示过旗袍造型（图2-10）。总体看来，尽管旗袍的整体造型已经和西式连衣裙极为近似，但由于立领、斜衣襟、盘扣、开衩这几个元素的作用，使得女星们的穿着效果仍然呈现出一种西方人穿着东方服装的“戏剧性”。穿在她们身上的旗袍仍然是一个东方符号，而并没有被同化进西方服装体系中。

[1] 张爱华. 龙凤旗袍手工制作技艺[M]. 上海：上海人民出版社，2013：30.

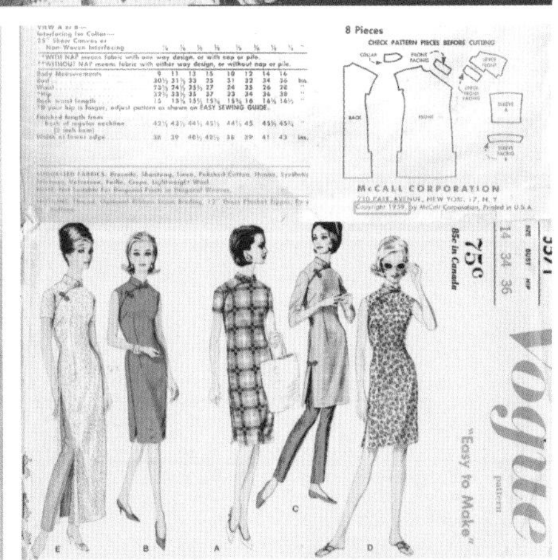

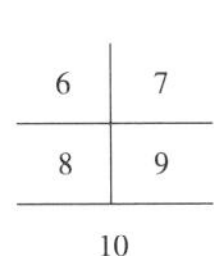

图2-6　穿着旗袍的辛普森

（图片来源：http://image.baidu.com）

图2-7　穿着旗袍的东方女性

（图片来源：*Shanghai to New York*，2013年）

图2-8　香港地区流行的旗袍

（图片来源：http://image.baidu.com）

图2-9　西方杂志中介绍旗袍造型的样板与效果图

（图片来源：http://image.baidu.com）

图2-10　穿着旗袍的西方女明星

（图片来源：http://image.baidu.com）

（二）中国的旗袍

20世纪20年代以后，旗袍成为自政要到明星，再到民众都普遍穿着的服装，在中国广泛流行。当时的旗袍就是中国的时装，发展也与国际流行紧密相连。但是，经历了轰轰烈烈的20多年迁演，已经从传统服装堆里脱胎换骨、脱颖而出的旗袍又突然退出了时尚舞台。“1949年……国民热衷于爱国、艰苦奋斗的集体主义精神，衣着变得以简朴实用为大前提；再加上中国制衣业渐渐以大型机器大量生产，这对度身定制的旗袍行业有极大冲击。当时，因为避免被看成资本主义，此种个人化且带有少许奢侈感的衣着，可免则免，以致穿着旗袍的女性日渐减少，几近绝迹。[1]”不过，在我国香港、台湾，以及东南亚地区的华人生活圈里，旗袍并没有停滞迁演的节奏，在欧美流行极度夸大胸部饱满形态的子弹型内衣的时代，这种前耸得极为突兀的造型也影响了港台旗袍的造型很长时间。20世纪70~80年代，邓丽君红遍东亚及东南亚各国，这位华语流行歌坛第一位具国际影响力歌手的很多演出服都是旗袍，她温婉明丽的旗袍造型和圆润清新的歌声一起成了华人音乐圈的传奇（图2-11）。

自20世纪70年代末期改革开放开始，中国开始重新思考“传统服饰文化的传承问题”，旗袍再次出现在大陆民众的社会生活之中。于是，旗袍成为宾馆酒店的制服、礼仪小姐的礼服、喜爱传统文化的民众与艺术家的个性着装，甚至作为国家礼服出现在国际社交舞台，成为彰显个性的民族符号。

20世纪80年代以来的很长一段时间里，旗袍都是以制服的面貌出现在人们的日常生活中，当时很多宾馆、酒店的迎宾等服务人员都在工作中穿着旗袍。尽管造型不够考究、面料廉价、做工低劣的“制服旗袍”拉低了旗袍的品质感，但也证明了这样一点：在当代中国人渴望回归传统、试图寻找传统服装符号的时候，旗袍是被普遍认可的传统服装。

随着20世纪80年代末期中国电影的崛起，中国导演与演员开始活跃于各大国际电影节。1992年，巩俐凭借电影《秋菊打官司》一举荣获第49届威尼斯国际电影节最佳女演员奖，穿着一袭白色旗袍上台领奖的巩俐拉开了中国影星在国际A级电影节“旗袍秀”的序幕（图2-12）。此后不仅巩俐出席戛纳电影节时多次选择旗袍作为红毯礼

[1] 陈美怡. 时裳摩登：图说香港服饰演变 [M]. 香港：香港中华书局有限公司，2011：172.

11 | 12

图2-11　穿着旗袍的邓丽君
（图片来源：http://image.baidu.com）

图2-12　领奖时穿着旗袍的巩俐
（图片来源：http://image.baidu.com）

服，很多影星都曾经在电影节红毯环节频繁穿着旗袍“走秀”。中国的旗袍自此开始频繁地出现在国际舞台，备受时尚界关注。

“2014北京APEC会议”上各经济体领导人穿着融入了大量旗袍元素的“新中装”集体亮相，旗袍开始引起世界更加广泛的关注，并且上升到“国家形象”的高度被讨论。

几十年间，还有一大批以生产旗袍为主体的服装品牌应运而生，其中既有进入国家级非物质文化遗产保护名录的“龙凤旗袍”，也有延续着老字号精神的“瑞蚨祥”，还有后起之秀“木真了”等。时至今日，各种批量生产或单件制作旗袍的企业、工作室达数千家。进入现代生活的当代旗袍，在继承传统的同时已经更多地融合了西方服装元素与时代审美特征，进一步与国际流行结合。

二、作为灵感来源的旗袍

东方文化对西方设计的影响力是不言而喻的，从东方文化中汲取灵感的例子更是不胜枚举，而且这种“习惯”在西方现代服装形成初期就已经“养成”了。“很多女装设计师例如，保罗·波烈（Paul Poiret）就深受远东服饰的影响；许多巴黎的商店，例如，巴巴尼（Babani），也会进口东方的纺织面料，并且从东方的服装服饰中汲取灵感用以生产出西方的服装来。[1]”在迪耶·萨迪奇著的《设计的语言》一书中也有类似的描述：“欧洲时尚领导人对异国风味很有兴趣，比如在十八世纪，中国风就大行其道……只是这种异国风格的输入基本上是一种文化观光。[2]”尽管西方设计师们对于中国文化这个神秘的“异

❶ 凯莉·布莱克曼. 百年时尚 [M]. 张翎，译. 北京：中国纺织出版社，2014：136.
❷ 迪耶·萨迪奇. 设计的语言 [M]. 庄靖，译. 南宁：广西师范大学出版社，2015：168.

国情调”一知半解，但这并不影响他们的设计表达。因为这些西方人理解的“片面的”甚至是“误读的”中国元素只是作为创作的灵感来源，最终会被这些设计大师们转化成一种时尚的服装语言纳入西方人世代相传的服装体系之中。《中国风尚：东方遇见西方》一书中，也罗列了大量西方设计师从东方获取灵感的服装作品：“西方时尚也受到了中国的影响。在过去的十年里，很多来自世界各地的设计师都受到中国风格视觉元素的启发，在巴黎，克里思蒂安·拉克鲁瓦（Christian Lacroix）推出了名为‘中国界限’（Frontière Chinois）和‘茶室’（Maison de thé）的高级女套装。在香奈儿的时装屋，卡尔·拉格菲尔德设计了图案来自于雕漆屏风的绣花长裙。罗马的服装设计师瓦伦蒂诺构思了中国风的最奢华的设计作品。约翰·加里亚诺则以20世纪30年代上海为灵感为克里斯蒂安·迪奥品牌设计了完整的一系列服装。事实上，自1997年以来，旗袍就频繁地出现在法国的时装秀上。❶”

其实，在20世纪70~80年代就已经有很多设计师开始在旗袍中寻求灵感了。此后数十年中，各类灵感源于旗袍的设计作品层出不穷。

高田贤三（Kenzo）推出的1975年秋冬系列作品中，已经出现旗袍的立领、斜衣襟等结构。20世纪80~90年代其也曾多次从旗袍上寻求灵感展开设计，2006年秋冬的秀上再次出现受旗袍影响而设计的以深色材料强调立领、斜衣襟结构，并以现代纽扣替代盘扣装饰的成衣作品（图2–13）。

擅长利用建筑感的结构强化女性性感曲线的设计师蒂埃里·穆勒（Thierry Mugler）也曾推出旗袍造型的礼服，大V形的深开领、曲线毕现的廓型、高纯度的色块，将东方的含蓄优雅一举转化成法国的美艳性感（图2–14）。

前文提到的茶室系列是拉克鲁瓦推出的1992~1993年秋冬系列，作品延续了大师一贯的法式优雅与华丽，以擅长的高级时装材料再造手法丰富了旗袍的质感与色彩（图2–15）。

约翰·加里亚诺在入主迪奥之初推出的1997~1998年秋冬中国系列无疑为他在迪奥品牌，乃至在国际时尚圈站稳脚跟发挥了重要作用。这次发布的从20世纪30年代的上海获取灵感的整整一季的服装几乎都是脱胎于当时的旗袍（图2–16），当年旗袍的造型、材料、图案被设计

❶ STEELE V, MAJOR J S. China Chic East Meets West[M]. London: Yale University Press, 1999: 69.

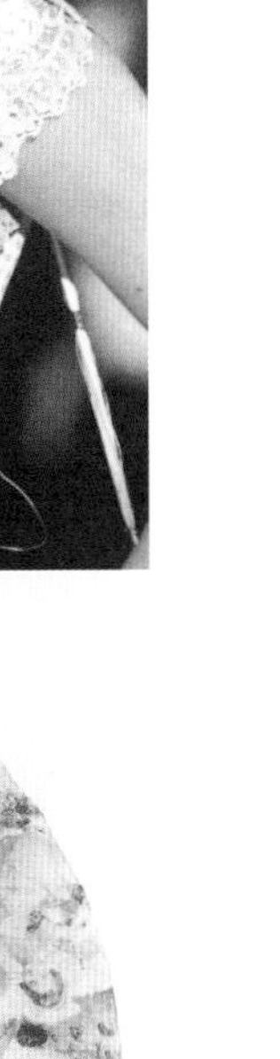

图2-13 高田贤三设计作品

（图片来源：*KENZO*, Valerie Viscardi, Rizzoli International Publications, 2010: 184）

图2-14 穆勒设计作品

（图片来源：不详）

图2-15 拉克鲁瓦设计作品

（图片来源：不详）

图2-16 加里亚诺设计作品

（图片来源：Galliano, Romantique, Realiste et Revolutionnaire, Colin Mcdowell, Edition Assouline, 1997: 24, 29）

师以天马行空的想象力转化成极具东方韵味的西方高级礼服，这系列服装堪称从灵感来源转化为设计作品的最成功案例之一。

同为圣马丁校友的亚历山大·麦昆（Alexander McQueen）也是千禧年前后出现的怪才，他以惊世骇俗的创意与炉火纯青的技术在时尚圈独树一帜。和他的诸多造型奇特、风格诡异的作品不同的是，麦昆2009年推出的这款具有典型旗袍造型特征的灰色毛料长裙呈现出内敛神秘的风格。在稳重简洁的无彩色裙装中，连接着立领与斜衣襟结构的红边银色金属拉链是神来之笔（图2–17）。

让·保罗·高提耶（Jean–Paul Gaultier）被称作“时尚顽童”，他也是一名常从世界各地的服装文化中寻求灵感的设计大师，他在2001年推出的系列作品运用了大量中国丝绸纹样与旗袍的结构，其中对旗袍立领的解构颇具创意（图2–18）。

圣罗兰品牌的设计总监汤姆·福特，在2004秋季服装秀上推出了融合旗袍的结构特征与清代龙袍纹样的礼服，这个引起媒体广泛关注的旗袍风格礼服系列因为被巩俐在戛纳电影节红毯上穿着而成为时尚经典（图2–19）。实际上，品牌创始人圣洛朗先生也是中国文化的爱好者，他不仅来过中国并在中国美术馆举行过展览，而且在20世纪70年代时就曾经以中国清代的袍服为原型设计过一系列服装，此后他的设计中也偶见从旗袍结构中寻求灵感的作品。

被称为“时尚旅行艺术的象征”的法国品牌路易·威登（Louis Vuitton）推出的2011年春季的中国系列设计中，旗袍的立领是服装的主体符号，而盘扣则作为另外的色块与图形成为设计的另一个亮点（图2–20）。

在2014~2016年米兰国际时装周的秀场上，多个品牌推出的时尚产品中都可以找到旗袍的符号。例如，西班牙的百年皮具品牌罗意威（Loewe）推出了旗袍造型的成衣，立领、纽扣、斜衣襟，每个元素都不少，略透明的明艳黄色面料搭配透明腰饰的设计也充满创意（图2–21）。一向以奢华性感著称的古驰（Gucci）在近几年一直主打传统文化牌，大量中国传统的纹样、手工艺被用来演绎新一季的产品，与其他品牌强调旗袍的紧不同，古驰秀场上从旗袍中得到灵感的设计强调宽松的廓型，总体形象极具复古意味（图2–22）。

著名的华裔设计师谭燕玉（Vivienne Tam）尤其擅长从中国传统中寻求灵感，并赋以现代性的表达，旗袍是她常用不衰的主题。在这位

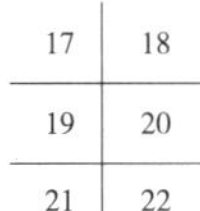

图2-17　麦昆设计作品

（图片来源：*The Cheongsam*, Hazel Clark, Hongkong: Oxford University Press, 2000: 144）

图2-18　高提耶设计作品

（图片来源：《东方文化的崛起》，张辛可著，河北美术出版社，2003年：114，118）

图2-19　汤姆·福特设计作品

（图片来源：http://www.ysl.cn

图2-20　路易·威登品牌设计作品

（图片来源：http://www.fr.louisvitton.com）

图2-21　罗意威品牌设计作品

（图片来源：http://www. loewe. com）

图2-22　古驰品牌设计作品

（图片来源：http://www.gucci.com）

华裔设计师的作品中，旗袍的主体造型得以保留，设计的变化主要呈现在图案上。2002年她出席在纽约举办的国家艺术奖时就穿着自己设计的配有蕾丝内衬的刺绣梅花旗袍，2007年秋季发布会上推出的设计作品则是在旗袍上运用了佛教密宗的图像（图2-23）。

在众多定位为传承传统服装文化的中国服装品牌中，也不乏传承旗袍文化的佼佼者，其中以台湾地区的夏姿·陈（SHIATZY CHEN）与中国香港地区的上海滩（Shanghai Tang）最有代表性。自1978年夏姿·陈品牌建立以来，几乎每一季的产品里都包含了改良的旗袍或以立领、盘扣等旗袍元素为基础的现代设计（图2-24）。创建于1994年的上海滩同样一经问世就受到西方时尚的广泛关注，这种将中国的旗袍以现代审美观念与表达手法纳入到国际时尚体系中的做法在当时是独树一帜的。时装旗袍的设计是上海滩每季推出的新品中必不可少的一个类别（图2-25），它的官网上也有明确的描述："彰显身材的旗袍一开始是由影片《苏丝黄的世界》中演员关南施演绎到极致。随后由张曼玉在王家卫执导的影片《花样年华》中表现得淋漓尽致。旗袍是上海滩DNA的重要组成部分。"

改革开放以来，中国本土设计师开始逐渐意识到挖掘与传承自身服装文化传统的重要性，在当时的国际性服装设计大赛中，设计师多从自己的文化传统中寻找灵感以突出个性。1987年在法国举办的第五

23 | 24

图2-23　身着旗袍的谭燕玉及其设计作品

（图片来源：*In The Mood For Cheongsam*, Lee Chor Lin, Chung May Khuen, Edition Didier Millet and Nation Museum of Singapore, 2012: 27, 28）

图2-24　夏姿·陈品牌设计作品

（图片来源：http://www.baidu.com，新华社照片，巴黎，2013年3月6日）

届国际青年时装设计师大赛中荣获国家奖的设计作品灵感即来自旗袍，设计师在介绍创意时曾谈道："此套参赛时装的设计是以旗袍为启示进行构思的……外衣的处理将侧开衩改为正开衩，运用造型和色彩的对比来强调线与面的关系。❶"20世纪90年代初期，在第一届"兄弟杯"国际青年设计师作品大赛上荣获金奖的设计作品中同样可以看到立领、盘扣等旗袍元素。随着设计师自我意识的觉醒，越来越多的服装品牌开始思考传统服装文化的当代性问题。随着"美丽中国"的理念与"新中装"概念的相继提出，各服装品牌纷纷从自己的市场定位出发探索从传统服装中寻找灵感的时尚设计之法，并通过市场实践进行了大量的尝试与检验，其中立领、盘扣、斜衣襟等旗袍元素依然在设计中频繁出现。

三、当代旗袍的符号化特征及思考

随着中国国际地位的提升和文化软实力的增强，旗袍得到了越来越多的关注与喜爱。现在出现了一个有趣的现象：无论在国内还是国外，谈中国传统服装必谈旗袍；意欲彰显自己国学品位的消费者也必选旗袍；大多消费者都在电影《花样年华》的影响下崇尚曲线毕现的旗袍，其实在绝大多数国人眼中也只有曲线毕现的造型才称得上是旗袍。从中、西服装史的角度来看，这种曲线毕现的服装塑形手段却是

图2-25　上海滩品牌设计作品

（图片来源：http://www.shanghaitang.com）

---

❶ 袁杰英，刘元风. 国际青年时装设计师大赛中国参赛作品赏析[M]. 哈尔滨：黑龙江科学技术出版社，1998：7.

典型的西方审美主导下的产物。那么除去这种曲线毕现的造型，旗袍里还蕴含着哪些中国的传统呢？

（一）旗袍发展过程中造型结构的变与不变

在近百年的造型迁演过程中，港台旗袍的形成是一个重要的节点。此前的民国旗袍已经基本完成了从传统的“重装”向适应现代生活方式的“轻装”的转变，在审美上既吸收了西方表达人体曲线的思想，同时又保持了中国传统的含蓄内敛的风格；在技术上既实现了塑造轻便适体效果的“工艺革新”，同时又保持了传统的制衣标准与手段。但进入20世纪50年代以后，欧美开始盛行强调高耸胸形的服装，随着港台地区审美观念的进一步“西化”，中国传统的制衣技术与追求“适度”的审美思想已经很难适应这一极端化的造型表达。于是，西式裁剪破缝、收省的服装塑形手段取代了中国传统的连肩通裁的制衣技术。

可以说，港台旗袍是旗袍的审美观念与造型手段进一步西化的产物，当黄皮肤的亚洲女性也开始疯狂地追求丰满高耸的胸形的时候，中国传统的着装观念与习惯也开始被西方的塑形观念取代了。

（二）旗袍元素对现代设计的影响

通过对以旗袍为灵感的设计作品的形态分析，可以读到一个普遍性的规律：立领、盘扣、斜衣襟、侧开衩等结构是东西方设计师公认的旗袍最有代表性的传统元素。

从旗袍的形态迁演来看，近百年间逐渐吸收西方的服装审美与裁制技术的旗袍，在造型、材料、色彩、装饰上都一直在变化、发展，保留至今的形态特征只余下立领、盘扣、斜衣襟、侧开衩。所以自港台旗袍开始，旗袍的结构就已经变成西式收省破缝的连衣裙加上中式立领、盘扣等细节结构，这些结构也就成为旗袍中还与传统保持联系的“中式符号”。无论中国的、还是西方的服装设计师，不把握旗袍的这些中式符号就很难找到设计中与旗袍的关联。总而言之，影响中外现代设计的是已经成为“旗袍符号”的立领、盘扣、斜衣襟、侧开衩等结构。在前文使用的全部的35幅图例中，立领元素使用率达100%（图2-26），尽管文中图例选择具有一定的随机性，并不能代表以旗袍为灵感的设计作品的全部，但立领作为旗袍结构中最有代表性的一个元素在现代设计中的符号意味显然是一目了然的。此外，盘扣元素在图例中出现概率不是特别高，大多被现代纽扣与拉链取代（图2–27）；斜衣襟与侧开衩的元素使用率则略多于盘扣（图2–28、图2–29）。

（三）当代旗袍的符号化特征

通过对旗袍自身的发展历史，以及旗袍对现代设计影响的分析可以看出：符号化是当今旗袍的主要特征。无可否认，旗袍的这些中国元素在当代设计中已经成为具有象征意义的符号，那么是否可以说旗袍中蕴含的传统只有这几个符号。抛开旗袍的这些元素是否就没有值得借鉴的传统了。

探寻旗袍在立领、盘扣等符号之外蕴含的传统基因，是一个至关重要的全新命题。首先，在现代设计中旗袍的符号表达有“过度消费”的趋势，当今中国大量的服装企业每季都在重复消费着这几个旗袍符号，大量的符号重复再现使得服装文化传统的传承之路越走越窄，设计创新的难度越来越大。其次，港台旗袍的发展是民国旗袍的进一步西化，最终只能遗留下来几个符号也是历史的必然，这种完全进入西方服装审美体系、完全依赖西式裁剪技术的发展方向存在的问题已经在几十年后的今天逐渐显现，所以回归到中国传统的审美观念与制衣技术来看待旗袍，是否会有意想不到地收获呢?

作为在浩如烟海的传统服装品类中唯一完成了现代化演进、并且传承至今的中国传统服装，旗袍所蕴含的价值应该远远不止立领、盘扣、斜衣襟、侧开衩等几个服装元素。当今旗袍的符号化存在体现了中国近现代服装发展的特殊性，同时也为当代的设计师与学者提供了研究与实践的契机。回归中国传统审美精神、追溯旗袍传承发展的本源，才是探寻旗袍传统基因的正确方向。

26

27

28

图2-26　服装中的立领元素

（图片来源：作者制作）

图2-27　服装中的盘扣与转化为纽扣的盘扣符号

（图片来源：作者制作）

图2-28　服装中的斜衣襟

（图片来源：作者制作）

图2-29 服装中的侧开衩

（图片来源：作者制作）

穉英

第三章 造型迁演规律研究

张爱玲在《更衣记》中曾经不止一次提到民国旗袍，谈到旗袍的流行与材料工艺更是妙语连珠。才华横溢的作家通过文字的描述带给读者无限的想象空间，但也正因为这个“想象”而无形中为我们所感知的“历史”添加了一份不确定性。当时到底是一个怎样的时代？旗袍的出现与迁演究竟又是怎样的情形？相对于文字而言，图像的“真实性”明显更直观有效，在绘画、照片等各类图像资料中，照片记录形象的“真实性”相对更高。

在如今的信息化社会里，便捷而又普及的手机拍照功能可以轻松实现基本的记录人物与服装形态的需求。但在一百年前的中国不仅没有手机，照相机都不够普及，普通民众只能去照相馆求助专业摄影师为自己留影。能够流传至今的老照片为数不多而且散落民间，很难有效地被收集整理。除私人照片之外，纪录社会生活的报纸杂志中也刊载了大量的时事图片，其中不乏妇女服装内容的写实照片。据统计20世纪初女子报刊的数量为四十余种。而其中对女性时尚生活影响较大的包括《良友》《玲珑》《妇女杂志》《文艺画报》《申报》《紫罗兰》《时代漫画》《新家庭》《大众画报》《幸福》等。这些所谓的小报也都辟有“服装专栏”，介绍各种新式服装，有的还请画家为其设计服装。旗袍作为当时女性最主要的服饰，当然也是最热门的重点目标。[1]在这诸多可参照的素材中，有些杂志中关乎旗袍的图像相对较少，由于缺少量的累积而难以形成有效的体系展开分析；有些杂志开刊时间较短，像《玲珑》这样曾经广受欢迎的女性杂志只开刊几年（1931~1937年）便因战争而不得不停刊了[2]，由于时间跨度较小也难以构成有效的时间体系展开研究；在上述的四十余种女性杂志中最适合20世纪20~30年代旗袍研究取样的杂志当属《良友》。

1926年2月，一本封面印着鲜花与少女的杂志创刊，这位登上创刊号封面的女孩是日后红极一时的“电影皇后”胡蝶，这本杂志就是《良友》。《良友》初创便一炮而红，创刊号发行了7000册仍供不应求。此后，《良友》画报的影响不断扩大，不仅在国内拥有众多读者，在国外也享有很高的声誉，尤其受到华侨同胞们的欢迎……1945年10月《良友》停刊。20年间，以8开本刊行，共出172期。《良友》共载彩图

❶ 刘瑜. 中国旗袍文化史 [M]. 上海：上海人民美术出版社，2011：106.

❷《玲珑》全名《玲珑图画杂志》，1931 年 3 月 18 日创刊于上海，主编林泽苍，时至 1937 年停刊共出版 298 期。

400余幅，照片3.2万余幅，无不详尽记录了近现代中国社会的发展变迁，世界局势的动荡不安，中国军政学商各界之风云人物、社会风貌、文化艺术、戏剧电影、古迹名胜等，可称为百科式大画报。[1]同时，《良友》画报又是一本具有相当专业水准的时尚杂志，杂志中不仅适时地介绍各种流行服装、妆容、发型，以及流行思潮，而且其上刊载的大量内容也集中反映了20年间中国社会的时尚变迁。

《良友》杂志的时尚性首先是通过大量珍贵的图片资料得以展现的。"《良友》是一本以图取胜的画报式杂志，它对当时女性的影响是惊人的……《良友》惯以摩登的现代女郎肖像作为封面，这些封面女郎有着明艳的化妆、美丽的容貌、穿上最新潮的旗袍。随着《良友》巨大的发行量，这些穿着旗袍的时髦女郎走遍了中国各地，甚至在海外的华人当中，上海的旗袍时尚也流传开来。[2]"在新加坡国家博物馆出版的《旗袍的情调》一书中刊登了一幅烫着卷发、穿着旗袍的时髦妇女在看《良友》杂志的图片，图注是这样介绍的："良友——一本中文流行杂志，1926年创刊于上海，1930年由位于桥北路的每每公司（May May Company）传入新加坡。就像在这张照片上的这位女士一样，中国妇女喜欢书中来自上海和世界其他地区的流行趋势报道。[3]"

图3-1 《良友》杂志封面上的旗袍造型

（图片来源：《良友》第九十七期封面、第六十四期封面、第六十八期封面、第一〇二期封面、第九十五期封面、第七十四期封面、第一二〇期封面、第一一一期封面、第一二三期封面、第八十期封面、第一二五期封面、第一一四期封面、第一二六期封面、第九十四期封面、第八十二期封面、第一二八期封面）

除了影响力广、图片丰富、时尚性强这三点优势外，《良友》杂志还因为刊行时间涵盖了从20世纪20年代初现代旗袍的出现，直至30年代旗袍黄金时代的全过程而成为研究这一时期旗袍发展的最为典型的图像范本（图3-1）。因

---

[1] 卞向阳. 百年时尚——海派时装变迁 [M]. 上海：东华大学出版社，2014:43.

[2] 同[1]:107.

[3] Lee Chor Lin, Chung May Khuen. In The Mood For Cheongsam[M]. Singapore: Editions Didier Millet and National Museum of Singapore, 2012: 24.

此，对旗袍造型迁演规律的研究将以《良友》杂志中与旗袍相关的图像分析为基础展开，辅以京、津、沪、穗等地的旗袍图像、实物资料，相互比对研究。

第一节　图片取样与整理

《良友》中记录旗袍形态的照片主要有记录社会生活实事的照片和介绍时尚流行的照片两个部分。杂志中照片的总体数量很大，因此与旗袍形态相关照片的取样难度也很大，另一个取样的难点体现在对照片中旗袍形态的甄别上，甄别的难度之一在于当时印刷技术的局限性，加之年代久远致使杂志中旗袍图像的清晰度受到影响，甚至有些图像都很难判断是否属于旗袍。甄别难度之二，是20世纪20年代初期同样实现了现代化演进的女袄的造型结构与旗袍上半身的造型结构具有极大的相似度，导致早期旗袍形态取样工作的难度升级。

针对甄别图像的具体困难，为达到提取样本的有效性，研究中排除了旗袍形态似是而非、含混不清的图像。取样的总体原则有四：第一，选取旗袍形态相对明确、清晰的图像。第二，为了避免与同时期女袄混淆，所以对20世纪30年代之前旗袍的采样重点为选取大半身造型的图像。第三，典型的旗装不计入统计范畴，但由于旗人的旗装也在随着社会的变迁同步地发生着变化，在1928年出现的部分旗装已经与当时流行的旗袍形态相仿，流行特征也基本一致，甚至很难区分是简化的旗装还是流行的旗袍，因此这一类服装被计入统计之中。第四，鉴于旗袍发展的特殊性，在现代旗袍形成初期的杂志中出现的旗袍马甲与倒大袖袄搭配穿着的造型也一并列入采样范畴。

研究从甄选出旗袍图像的样本开始——依照总体原则在共172期杂志中的3.2万余幅照片中提取有效图像566幅[1]，提取样本的数量占照片总量的1.769%。在《良友》杂志图片中，创刊初期正是现代旗袍的

[1] 这566幅取样的图像是照片的总数量而不一定是旗袍数量，因为部分照片中出现的旗袍并不止一件，尤其在合影的照片中经常会出现多人穿着旗袍的情况，这类照片中的旗袍虽然数量多，但造型结构却基本一致（部分照片是统一穿着“旗袍校服”的合影），甚至完全一样，所以按一幅照片的数量计入统计数列。另外，在1940年发表的文章《旗袍的旋律》中出现了不同时期的旗袍数款，由于文章图片属于回顾发展历程，而不是记录当年正在使用的旗袍，因此该文章中出现的旗袍形象未计入提取的样本中。

形成期，所以1926年的杂志中有关旗袍的图片并不多，当时的女装还以袄、裙为主。但随后旗袍的数量逐年增多（其中1932年由于只出版八期，所以数量略少），在1934~1936年进入高峰期，1937年7月“卢沟桥事变”爆发，杂志迅速由反映民众日常生活转向大篇幅报道战事及社会新闻，刊登的旗袍图片数量也因此锐减，这种情形一直持续到1941年停刊，1945年抗战胜利《良友》复刊只出版了一期，篇幅仍然以战争为主，涉及旗袍的图片只有两张。通过对照片的初步梳理（图3–2），发现虽然战争等对旗袍图片的总体数量有一定影响，但自1926年左右旗袍的形态出现到1939年旗袍发展到高峰期这段时间内的图片资料仍然比较丰富翔实，这566幅旗袍图像为此后的研究提供了极为宝贵的形态资源。在初步甄选之后，将图像样本按照由月到年的时间顺序逐期依次排列，并展开针对具体指标的归类分析。

一、长度与围度归纳

在566幅图片中，可以分辨的旗袍长度最短到膝盖、最长刚好及地，袖子的长度最长过手腕、最短至肩头几乎无袖。按照以上出现的服装总体造型的形态，将衣长分为三档、袖长分为五档，依次对应年份与长度，在时间轴上整理归类（图3–3）。最终图表中显示的数据呈现出清晰的结构迁演趋势：旗袍的主要长度变化基本都在膝盖以下，甚至衣长及膝的旗袍都极为少见（仅在1931年出现过两款旗袍长度接近膝盖的照片），衣长的变化主要分小腿与及地两档，而且这两档的流行时间也呈现出戏剧性的变化——1932年之前的旗袍长度都在小腿附近（1928年出现的两款长度及地的旗袍都是较典型的简化的满族旗装），1932年开始出现在杂志上的旗袍普遍更长，此后便一直流行长度

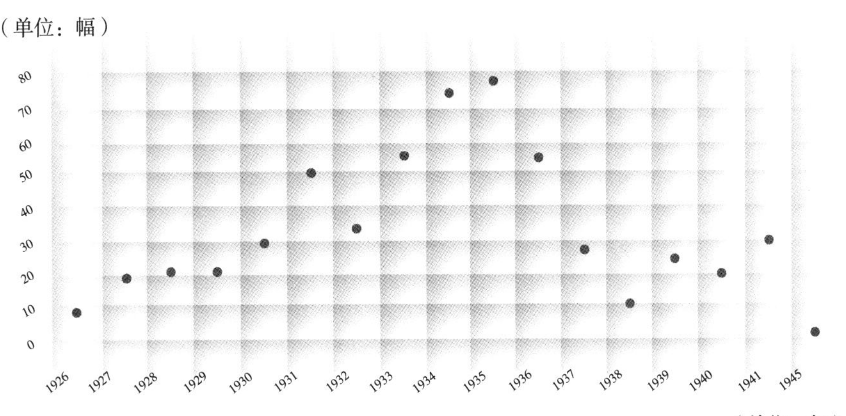

图3–2 旗袍图片分布图

（图片来源：作者制作）

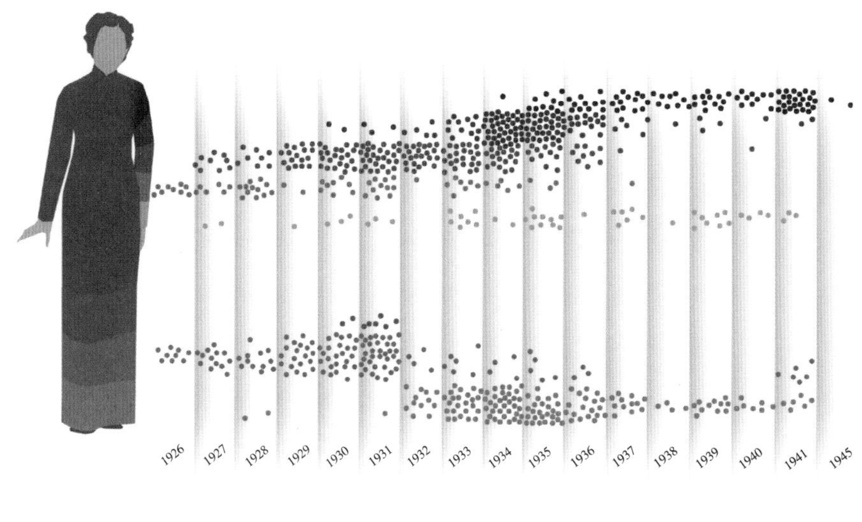

图3-3 旗袍衣长、袖长演变示意图

（图片来源：作者制作）

在脚踝，甚至及地的旗袍，旗袍长度最长的一段时间集中在1933~1936年。1926年旗袍在杂志上出现之初，袖子的长度在前臂正中的位置，自1927年开始逐渐缩短，1929~1933年流行及肘的袖长，1934年开始肘以上的短袖大量出现，而此时正是旗袍衣长最长的时期。经历了1936年的短袖与长度在肩头的超短袖平分秋色的过渡期之后，1937年开始全面流行超短袖（甚至可称为无袖），这种局面一直持续到1945年的最后一期。

图像数据清晰地展现了旗袍造型迁演的长度变化趋势，但流行趋势是一个相对的概念，服装发展尤具复杂性。在当时的社会生活中，这种“鲜明”的趋势背后还普遍存在着多种旗袍形态共存的现象。例如，在图中显示的旗袍袖子长度变化的趋势中，主体的趋势是从中袖到短袖再到超短袖（甚至无袖），但是示意图中显示1927~1941年，也始终有一定数量的长袖形态存在，主要原因是这些长袖旗袍大多都是冬装。显然，尽管20世纪30年代以后旗袍的袖子越来越短，但在气温偏低的冬季，妇女同样需要穿着长袖旗袍来御寒。另外，通过对《良友》杂志中的旗袍图片的数据统计，可以看出30年代之前的旗袍袖长以及肘的长度为主，并没有更短袖形的图片出现，但在现存的这一时期旗袍实物中也曾经发现有短袖的旗袍。这一现象一方面印证了服装流行的复杂性，同时也说明通过杂志图片取样所梳理的流行趋势并不是绝对的。

旗袍袖子的总体造型一共有两大类，一类是后期始终流行的合体的筒袖，另一类就是现代旗袍形成初期的“倒大袖”，这种造型独特的袖子最早出现在当时女装的袄上。“近代另一种具有典型意义的上衣形式是'倒大袖'袄，这是20世纪初期流行于城镇女性中的'文明新装'，由留洋女学生和中国本土的教会学校女学生率先穿着，城市女性视为时髦而纷纷效仿。形制多为腰身窄小的大襟袄衫，摆长不过臀，多为圆弧形，腰臀呈曲线，袖腕呈喇叭形，袖口一般为七寸，故形象地称之为'倒大袖'。❶"这种有着喇叭形状袖子的短袄曾经在20世纪20年代前后流行过一段时间，甚至还出现在了张爱玲的小说里"民国初建立，有一时期似乎各方面都有浮面的清明气象……时装上也显出空前的天真，轻快，愉悦。'喇叭管袖子'飘飘欲仙，露出一大截玉腕。短袄腰部极为紧小。❷"可见，当时的"倒大袖"短袄的主要造型特征是袖口肥大、衣身短小，袖口的松与衣身的紧形成了强烈的反差。在辛亥革命后，一度流行这种有着口肥根瘦袖子的紧身短袄搭配直身型长马甲的穿法，在《良友》1926年第5、6、7三期中也都多次出现过长马甲配倒大袖短袄的造型（图3-4、图3-5）。不过到了第7期（1926年8月）以后，就有疑似二者"合体"的照片出现了（图3-6）。这种"合体"并非凭空猜测，也并不是当年昙花一现的时尚现象，而是的确有史可查的服装演进趋势——在1940年《良友》上发表的总结旗袍发展的文章中明确指出："中国旧式女子所穿的短袄长裙，北伐前一年便起了革命，最初是以旗袍马甲的形式出现的，短袄依旧，长马甲替代了原有的围裙……长马甲到十五年（1926年）把短袄和长马甲合并，就成为风行至今的旗袍了。❸"这个综合了长马甲衣身通直的特点和倒大袖袄呈喇叭状的袖子造型的新式服装被称为"马甲旗袍"或"倒大袖旗袍"，如同《良友》所说，马甲旗袍就是现代旗袍的最初形态。在传世的照片中，还可以发现长马甲与倒大袖虽然还是两件套，但已经开始统一设计的现象（图3-7），这也成为两件套向倒大袖旗袍过渡的直观的图像证明。连同5、6、7三期出现的倒大袖的袄配长马甲的造型在内，《良友》里共有46幅照片中有倒大袖造型，主要流行时间在1926~1928年，从数量上看1928年与1929年是倒大袖旗袍由盛至衰的转折点，1934年以后《良友》中就再没有出现过倒大袖旗袍的形象了（图3-8）。

❶ 崔荣荣，张竞琼. 近代汉族民间服饰全集 [M]. 北京：中国轻工业出版社，2009:30.

❷ 金宏达，于青. 张爱玲文集 [M]. 合肥：安徽文艺出版社，1992:31.

❸ 佚名. 旗袍的旋律 [J]. 良友，1940(150):67.

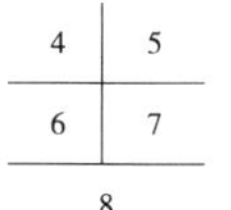

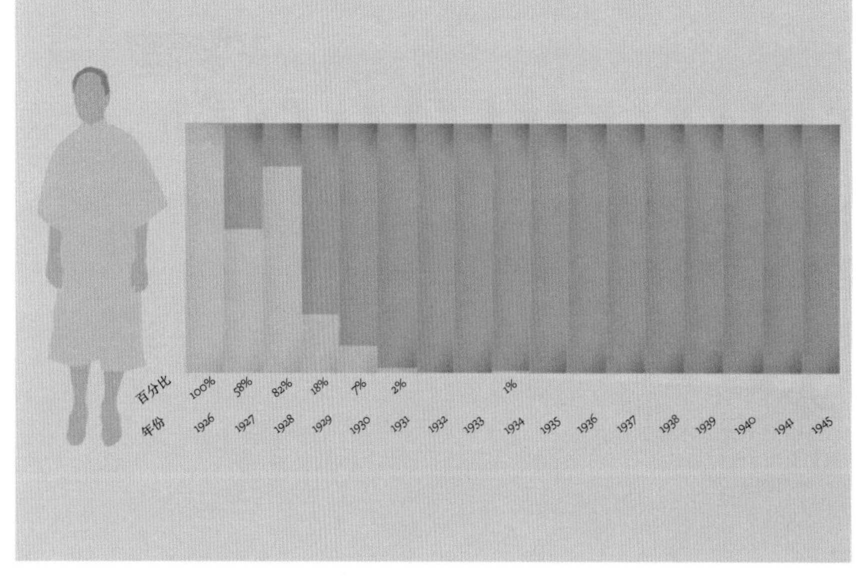

图3-4　长马甲与倒大袖的搭配（一）

（图片来源：《良友》第五期，1926年：18）

图3-5　长马甲与倒大袖的搭配（二）

（图片来源：《良友》第六期，1926年：17）

图3-6　杂志上的倒大袖旗袍

（图片来源：《良友》第七期，1926年：25）

图3-7　传世照片中一体化设计的长马甲与倒大袖

（图片来源：http://www.baidu.com）

图3-8　倒大袖图片数量分布比例示意图

（图片来源：作者制作）

通过对旗袍的衣长、袖长、袖肥的梳理，每一个形态变化的节点逐渐显露。首先，1928~1929年是倒大袖旗袍由流行高峰到销声匿迹的重要节点。其次是1931~1932年，此时旗袍袖长、衣长同时发生变化，两个部位长度的改变自然会影响到服装的廓型变化。再次是1934~1935年，这是《良友》中出现旗袍照片量最丰富的两年，也是旗袍的短袖配及地长度的造型发展到极致的两年。最后是1939~1941年，旗袍的发展进入成熟期。

二、整体造型梳理

由于时尚流行有着独特的生成、发展、消退的周期性，同时杂志图片中传递的信息又极为繁杂（有引领时尚的明星、追随时尚的普通民众，也有保守的无视流行的民众等），所以杂志中反映的旗袍形态信息对应的时间点不能完全理解为当年流行的准确时间。围绕以上四个时间点展开分析的目的并不为严格地界定旗袍的流行时间，而是为了发现旗袍迁演过程中曾经出现过的有代表性的造型，以及这些造型的发展顺序。

倒大袖旗袍的图片在1928年的《良友》中占当年全部旗袍图片的82%，但到了1929年就锐减到了18%，此后便没有再复兴，数据中所反映的变化是只有袖口的形状从宽大变成合体这么简单吗？尽管《良友》在1929年只出版了9期，但刊载的旗袍图片也足以反映与前一年倒大袖旗袍的差异。1928年的倒大袖旗袍整体廓型呈现A型特征——衣身较清末的旗装更紧窄合体，但底摆部位仍然比较宽大，这样的A形造型与袖窿合体、袖口宽大的倒大袖形态形成了鲜明的呼应关系（图3-9、图3-10）。这种整体结构张弛有度、有着强烈形式感的倒大袖造型在传世照片与月份牌绘画中也有清晰的记录，图3-11与图3-12分别以影像与图画的形式展现了当年流行的倒大袖形态独具韵味的形式美感。但到了1929年之后，《良友》中出现的大部分旗袍的袖口与衣摆都收小了，衣身整体造型从此前的A型转变成了H型，这种变化在1929年初就已经有所显现。但是总体看这一时期旗袍衣身的形态都是以直线型为主，肩部与胸围部位都比较紧窄合体，廓型的变化主要通过袖口与衣摆的围度变化体现。

这种直线造型一直延续到1931年。在第二个时间节点的图片研究中，发现自1931年下半年开始，《良友》中就相继出现部分打破这种没有胸腰臀曲线的直身廓型的旗袍图片，在1931年9月刊上，有一幅梳着时髦发型的妇女侧坐的照片，前衣身呈现出明显的凸胸的曲线（图3-13），而这种造型在此前的图片中几乎没有出现过。到了1932年的第71期时，封面女郎穿着的旗袍已经可以呈现清晰的胸部曲线造型了，此时的服装廓型也明显更加合体（图3-14）。在这一期中，还有一幅彩色照片上也同样呈现出明显的“塑胸”的意图（图3-15），这样的曲线表达与此前的直身型旗袍所塑造的平坦的胸部造型完全不同（图3-16）。在1931年与1932年的图片样本中，清晰地传达出旗袍整体廓型从直身型到曲线型变化的趋势，这种趋势率先通过衣身的胸部造型体现，其他部位则没有明显变化。而且，此时直身型与曲线型两种造型的旗袍是交错出现的，有塑胸效果的旗袍显然是更时髦妇女的大胆尝试。

1934年出版的第85期与第88期《良友》都选用了“旗袍女郎”做封面（图3-17、图3-18），此时的旗袍造型明显更加合体，尤其在第88期的封面图片中，侧向面对镜头的摩登女郎的旗袍呈现出优美的背部曲线，这是在几年前只表达胸部弧线基础上的又一重要演进。这样的造型在此后的流行中成为主流，不仅出现在杂志中的频率与数量都迅速攀升，而且出现在封面上的比例也极大增加，此时的旗袍已经开始在民众中普及，逐渐成为全民普遍穿着的日常服装。

经历了30年代中后期几年的“突飞猛进”之后，旗袍开始进入稳定发展阶段。在《良友》上出现的1939年以后的大部分旗袍造型依然呈现出三维立体的曲线效果（图3-19），衣身形态较1934年没有大的变化，只是这一时期袖子的长度已经缩短到几乎不存在。衣身从每个角度都呈现出合体的曲线造型，衣长至脚面、袖长缩短至肩头向下一点点的旗袍形态为30年代的发展画上了一个圆满的句号。

第二节　旗袍造型迁演规律

1940年1月第一五〇期《良友》发表文章《旗袍的旋律》，对流行了十几年且已经进入成熟期的民国旗袍进行了一次造型梳理，总结的焦点集中在了旗袍的长度上，并且把裙长的流行曲线称作“旗袍的旋律”。这个比喻的确恰到好处，流行的规律就是长短肥瘦的交错更替，

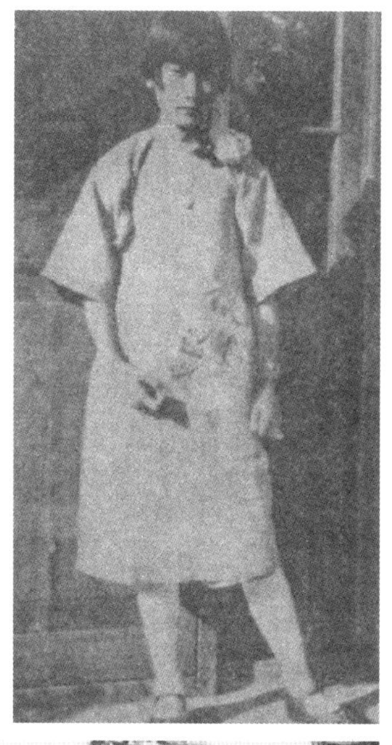

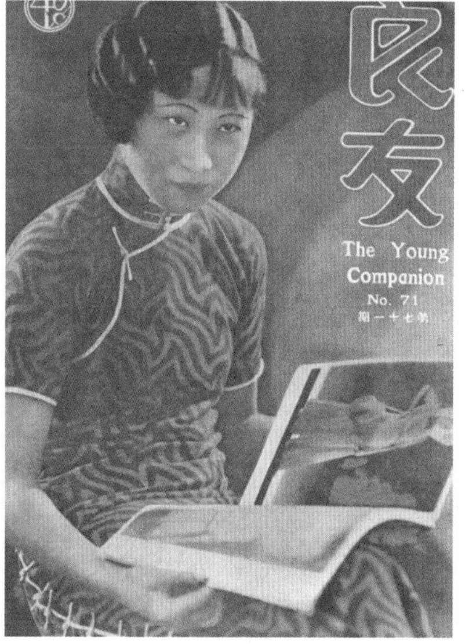

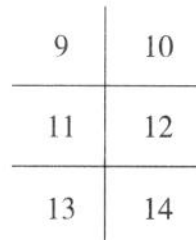

图3-9　倒大袖旗袍一

（图片来源：《良友》第三十期，1928年：42）

图3-10　倒大袖旗袍二

（图片来源：《良友》第三十一期，1928年：37）

图3-11　传世照片中的倒大袖旗袍

（图片来源：《历久弥新—旗袍的变奏》，2011年：56）

图3-12　月份牌中的倒大袖袄与倒大袖旗袍

（图片来源：不详）

图3-13　胸部呈现曲线造型的旗袍

（图片来源：《良友》第六十一期，1931年9月）

图3-14　1932年杂志上的旗袍

（图片来源：《良友》第七十一期，1932年：封面）

15	16
19	17
	18

图3-15　有胸部曲线造型的旗袍

（图片来源:《良友》第七十一期,1932年）

图3-16　无胸部曲线的旗袍

（图片来源：不详）

图3-17　造型日趋合体的旗袍一

（图片来源:《良友》第八十五期，1934年：封面）

图3-18　造型日趋合体的旗袍二

（图片来源:《良友》第八十八期，1934年：封面）

图3-19　后背曲线优美的旗袍

（图片来源:《良友》第一四三期，1939年6月）

正如同音韵的跌宕起伏。

这篇只占用了两个版面而且文字并不多的文章却发挥了极大的作用，几乎为后人定下了延用数十年的旗袍造型研究基调，即裙长流行论。目前学术界依然热衷于当年旗袍的裙长、领高、袖长、开衩等细节结构与形态的研究，而长期忽略整体形态变迁的梳理与分析。几十年后的中国社会已经和当时大不相同了，旗袍在如今中国人的日常生活中已经鲜有穿着，很多民众对民国时期的旗袍也知之甚少。尽管站在当今的时间点上回望，几十年前尘封的历史已经开始斑驳，但和《良友》当年的梳理相比，现在研究的优势反而是跳开了时代的局限，研究者更像是一个冷静的"旁观者"，并且可以总览民国时期旗袍发展的全局。所以，通过对《良友》中与旗袍相关图像的梳理，现在整理的旗袍的"旋律"已经不仅局限于当年的那条裙长曲线，也不是现今研究者热衷的旗袍开衩高度这些结构细节的变化，而是综合了衣身、袖子的长度与围度等曲线值之后发现的旗袍造型变化所形成的更为整体的"旋律"。

造型的变化谱写了抑扬顿挫的旋律，旋律背后揭示了形态迁演规律。以《良友》杂志中与旗袍相关的图像为样本展开的研究，揭示了发展过程中的几个时间节点，这几个节点又将旗袍形态迁演分隔成三个阶段：混沌期、束胸期、收腰期。混沌期处于旗袍出现的前奏阶段，束胸期与收腰期是真正意义上旗袍造型迁演的主要阶段，从审美、造型、技术的角度看，收腰期又可以细分为两个部分：二维收腰期和三维收腰期。

一、"混沌期"的马甲旗袍与长衫

几百年间，妇女的旗装从材质到工艺都融入了大量汉民族服装的文化元素，整体风格日趋华丽，甚至达到极度繁缛奢华的程度。发展到清朝末年，旗女的袍服又随着时代变化而相应简化，造型逐渐收紧，开始向适体的方向发展。《良友》中也曾经出现过旗人着旗装袍服的照片（判断图片上的服装是旗人的袍服而不是后来全民穿着的旗袍的主要依据是是否配旗头、穿着者的身份等）。尽管图片的清晰度不高，但材料轻薄化、装饰简洁化的趋势还是一目了然的。这一趋势在传世照片中也可以清晰地体现（图3-20），在摄于长春宫前的一名满族妇女的照片上，她穿着的旗装已经与1929年《良友》杂志上刊登的流行旗袍非常相似（图3-21、图3-22）。

20 | 21 | 22

图3-20　满族妇女穿着的传统旗装

（图片来源：《历久弥新—旗袍的变奏》，2011年：50-51）

图3-21　穿着旗装的满族妇女

（图片来源：《故宫旧藏人物照片集》，1990年：251）

图3-22　穿着旗袍的妇女

（图片来源：《良友》第三十七期，1929年：23）

清末旗装的这些变化似乎已经为旗袍的革新打下了一个良好的基础。“一部服装史提出了所有的问题：原料、工艺、成本、文化固定性、时尚与社会等级制度等等。如果社会处在稳定停滞的状态，那么服饰变革也不会太大，唯有整个社会秩序急速变动时，穿着才会发生变化。[1]”20世纪20年代的中国社会正处在新旧更替的巨变阶段，新与旧、西与东的思想交锋日趋激烈，女装形态也同样新旧共存。《良友》杂志创刊初期正是现代旗袍的典型形态形成前的混沌期，从当时杂志中出现的女装形态展开分析，可以发现两个与现代旗袍密切相关的服装品类：马甲旗袍、长衫。

马甲旗袍是袄衫与长马甲合二为一的结果。袄是一个历史悠久的服装类别，《现代汉语词典》中解释为有里子的上衣。清时期汉族妇女穿着的袄源自明代女装，由于清代实行的服装政令并没有强迫汉族妇女必须改穿旗装，所以清以来的汉女着装仍然沿袭明代旧制。在由古至今漫长的时间里，袄的形制相对固定，但在清末轰轰烈烈的社会变革中，传统的袄也开始了现代化的演进。发展到20世纪初期，去掉繁缛的装饰，整体形态“清爽”了许多的倒大袖女袄登上了时尚舞台，并与长马甲相搭配最终促成了倒大袖马甲旗袍的流行。

关于现代旗袍的出现还有另一种说法，就是来源于当时男士穿着的长衫。首先需要回顾民国时期长衫的由来——在旗女的袍服经历着

❶ 费尔南·布劳岱尔. 15至18世纪的物质文明、经济和资本主义：第1卷[M]. 施康强，顾良，译. 北京：生活·读书·新知三联书店，1992:367-368.

现代化变革的时候，旗人的男袍同样也在发生着变化。“袍在清初的款式尚长，顺治末减短至膝，不久又加长至脚踝。袍衫在清中后期流行宽松式，有袖大尺余的。甲午、庚子战争之后，受适身式西方服装影响，中式袍、衫的款式也变得越来越紧瘦。长盖脚面，袖仅容臂，形不掩臀，穿了这种袍衫连蹲一蹲都会把衣服抻破。[1]”显而易见，旗人男子的长袍在清末民国的社会变革中，顺利完成了从重装到轻装的转变而成为新时期的男装——长衫。而且，长衫虽然也源于旗人的传统长袍，但清初统治者强制推行的“男从女不从”的服饰令在几百年后已然见了效果。此时的长衫已经不是某一个民族男子的专属服装，而成为当时社会全民通用的男装。在那个正在进行剧烈社会变革的历史时期中，女权运动的兴起促使“女着男装”成为当时社会进步妇女表达政治主张的首选手段。秋瑾曾经说过：“在中国，通行着男子强女子弱的观念来压迫妇女。我实在想具有男子那样坚强的意志，为此，我想首先把外形扮作男子，然后直到心灵变成男子。[2]”1920年沈雁冰在《妇女杂志》上发文也力主男女平等：“一切旧俗关于男女的区分，如讲演会中之男女分座，大旅馆的女子会客室等等都须去掉，女子服装也要改得和男子差不多。[3]”。张爱玲在《更衣记》中用了一整段的气力来叙述旗袍和男子长衫的关系，其中关键的一句话是这样说的：“（辛亥革命以后）全国妇女突然一致采用旗袍……因为女子蓄意要模仿男子。[4]”《历代妇女袍服考实》一书中同样提及了长衫与旗袍的关联：“（辛亥革命以来）一切去旧布新，社会风气为之一变……青年妇女则纷纷改着袍或长衫，通称：‘旗袍’。于是妇女袍服之风，迅速遍及全国。[5]”汇总以上信息可以形成如下观点：受西方思想的影响，在旧文化与新文化思想正面交锋的大都市中，妇女的社会地位与社会形象正在发生着深刻的变化，民国时期的进步妇女穿着长衫的动因并不是在历史上的女装——旗女的袍服中寻找传承，反而是源于对男性社会角色的模仿。“女着男装”的行为是吹响妇女解放运动的号角，向几千年来男尊女卑的封建观念提出强烈抗议，表达另外一种反叛、革新的决心。旗袍源自长衫这种说法还有一个补充依据，即旗袍的英文

[1] 黄能馥. 中国服饰通史 [M]. 北京：中国纺织出版社，2007:219.

[2] 小野和子. 中国女性史 [M]. 高大伦，范勇，译. 成都：四川大学出版社，1987.

[3] 沈雁冰. 男女社交公开问题管见 [J]. 妇女杂志，1920，6(2).

[4] 金宏达，于青. 张爱玲文集 [M]. 合肥：安徽文艺出版社，1992:32.

[5] 王宇清. 历代妇女袍服考实 [M]. 台北：中国旗袍研究会，1975:98-99.

发音，“某些祖籍中国南方的海外华人称旗袍为长衫，英文‘cheong-sam’或‘cheongsam’是中文长衫的音译，却是旗袍的对译。[1]”的确，“cheongsam”作为旗袍的英文译词一直沿用至今，虽然现在也出现了以拼音“qipao”作为英文译词的用法，但“qiapo”主要在口语中使用，“cheongsam”仍然是书写中使用比较广泛，且更加“官方”的翻译，在2012年新加坡国家博物馆出版的英文版《旗袍的情调》一书中，旗袍的英文也是使用“cheongsam”这个单词。

早期旗袍的造型平直、衣身宽松、简约朴素，其形态与简化的旗装、长衫、长马甲配倒大袖短袄都有着相近之处（图3-23~图3-25）。在复杂的演化过程中，处于形态还没有明晰之前的混沌期的旗袍里曾经蕴含着严冷方正的阳刚之气，即使抱持着“现代旗袍源于马甲旗袍”观点的《良友》杂志也不否认当时马甲旗袍的这一前卫而又男性化的风格[2]。这一重要信息对于解读旗袍、传承历史具有非常重要的价值。此后，随着旗袍的发展转向追求曲线变化的方向，柔美开始成为旗袍的关键词，旗袍曾经的革新与反叛精神就逐渐被淡忘了。

在对混沌期A型服装实物的对照研究中，发现两处值得关注的细节。表3-1中的服装分别来自北京服装学院民族服饰博物馆、东华大学服装服饰博物馆、中华服饰文化中心，以及私人收藏。从造型角度分析，这些服装值得关注的细节之一，是在表格里收录的12件服装中，有8件的前中心有接缝，2件旗袍前中心为整片布料没有接缝，2件不详。值得关注的另一个细节是，有1件马甲肩部有破缝，其余11件服装无肩缝。

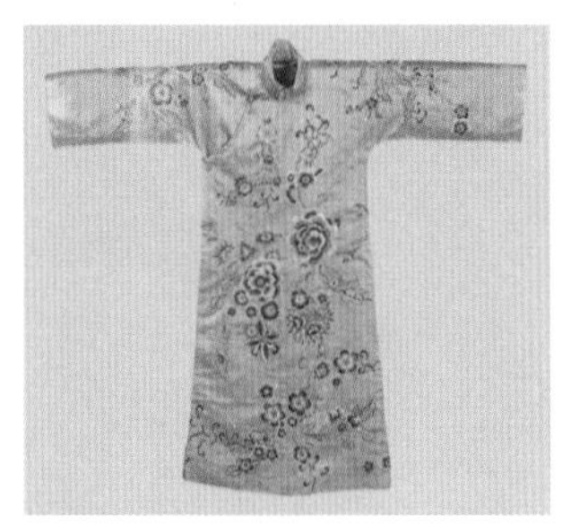

图3-23　早期衣身宽松的旗袍
（图片来源：《旗丽时代》，罗麦瑞主编，辅仁大学织品服装学系、台湾博物馆出版，2013年5月：19）

图3-24　造型平直的长马甲
（图片来源：私人收藏）

图3-25　朴素简约的长衫
（图片来源：私人收藏）

❶ 包铭新. 近代中国女装实录[M]. 上海：东华大学出版社，2004:7.

❷《旗袍的旋律》中描述：当时守旧的中国女子，还不敢尝试，因为老年人不很赞成这种男人的装束的。

表3-1 "混沌期"服装结构比较

编号	造型	类别	前中缝	肩缝	廓型特征	备注
1	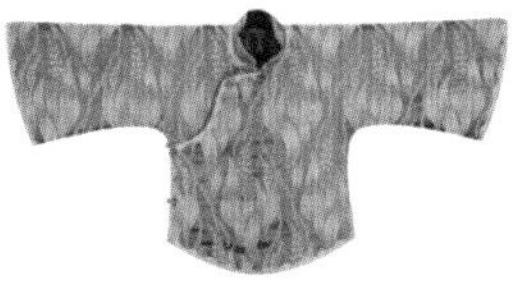	短袄	有	无	H型 倒大袖	北京服装学院民族服饰博物馆藏品
2	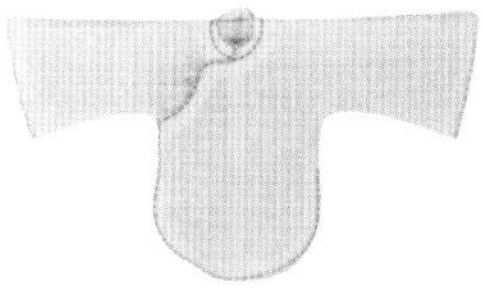	短袄	有	无	H型圆摆 倒大袖	东华大学服装服饰博物馆藏品
3		短袄	有	无	A型 倒大袖	私人藏品
4		短袄	有	无	A型 倒大袖	东华大学服装服饰博物馆藏品
5		长马甲	有	有	A型	私人藏品
6		旗袍	无	无	A型	东华大学服装服饰博物馆藏品
7	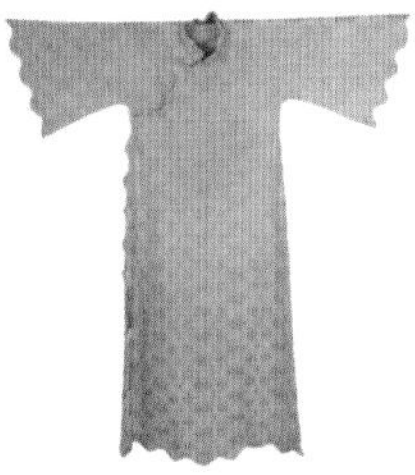	旗袍	不详	无	A型	东华大学服装服饰博物馆藏品

续表

编号	造型	类别	前中缝	肩缝	廓型特征	备注
8		旗袍	不详	无	A 型	东华大学服装服饰博物馆藏品
9		旗袍	有	无	A 型	中华服饰文化中心藏品
10		旗袍	有	无	A 型	私人藏品
11		旗袍	有	无	A 型	北京服装学院民族服饰博物馆藏品
12		旗袍	无	无	A 型	中华服饰文化中心藏品

由此引发的思考有二。

第一，关于服装完整性的理解。“天衣无缝”的成语形成于五代时期，借着天上神仙的衣服没有衣缝来比喻事物完美周密，没有任何破绽与瑕疵[1]。到了清代，李渔在《闲情偶记》中再次提到这个成语和现实服装上衣缝的联系[2]。尽管作者在文中的原意是反对把一块完整的布裁成碎片来制作当时流行的“水田衣”，但至少也反映了中国传统服装强调完整性、反对浪费的观念。不过，由于受生产技术等因素的限制，历史上用于制作服装的面料布幅的宽度有限，因此一件服装需要多块面料拼接缝制而成，这种情形延续了几千年，直至民国初年人们制作服装主要还是采用前后中心破缝拼接的方法。所以，确切地说传统服装追求“天衣无缝”完整性的观念是相对的。流行于民国初年的长马甲、倒大袖袄、长衫，以及民国早期的旗袍采用的前后中心破缝的形式也是在延续这种相对“完整”的服装造型表现手法。但当时出现的部分前后中心不破缝拼接的旗袍则传达出这种习惯将要被打破的信息。从技术层面看，随着当年服装衣身尺寸的日渐合体，以及纺织技术的发展，一块布的布幅宽度逐渐可以满足衣片所需的宽度时，前后中心破缝的方法也就开始动摇了。另外，传统服装面料多采用手工织布与绣花等加工技术，因此前后中心接缝处图案的完整性可以通过单件的手工制作保证，但随着民国时期新的服装面料的涌入，尤其是大量印花面料的出现，传统的中心拼缝的形式直接导致接缝处印花图案的断裂不完整，即使运用对花型拼接的方法可以保证花型完整但也极为浪费面料。这显然都与传统的追求完整与节俭的观念背道而驰。从现象上看，混沌期是旗袍自有中缝向无中缝过渡的关键阶段，此后的旗袍中偶有中心拼缝的手法出现，但大多都采用整片布来裁剪衣身的造型了，这也成为此后迸发出造型智慧的一个至关重要的前提。

第二，关于中国传统服装对立体造型表达能力的认识。与大多数传统服装追求平面直线廓型不同，这一时期的几件长马甲实物中出现了传统少有的破肩缝的形式。肩缝不破开，可以保留传统的一片布、

❶ 五代·前蜀·牛峤《灵怪录·郭翰》：徐视其衣并无缝；翰问之；谓曰：天衣本非针线为也。

❷ 清·李渔《闲情偶记》：至于大背情理，可为人心世道之忧者，则零拼碎补之服，俗名呼为“水田衣”者是已。衣之有缝，古人非好为之，不得已也。人有肥瘠长短之不同，不能象体而织，是必制为全帛，剪碎而后成之，即此一条两条之缝，亦是人身赘瘤，万万不能去之，故强存其迹。赞神仙之美者，必曰“天衣无缝”，明言人间世上，多此一物故也。而今且以一条两条、广为数十百条，非止不似天衣，且不使类人间世上，然而愈趋愈下，将肖何物而后已乎？

十字型结构的完整性。肩缝破缝，则前后片成为独立的衣片，需要分别裁剪再统一缝合。二者的区别并不只在于服装肩部的完整与拼缝的差异，还有由于破开的肩缝出现了肩斜度的造型表达手法而呈现出与大多数传统服装平直肩形截然不同的形态。肩斜度的出现增强了服装肩部的“合体度”，运用西方裁剪技术分析，这种方法是运用破开的肩缝隐藏了一个省量，从而使服装更加立体、更加符合人体肩部的形体结构。通过实物与图片的考察发现，这种破肩缝的方法不是在民国初年长马甲上最先出现的，长马甲的前身——清末长坎肩也是以这种立体的方式表达肩形，甚至在19世纪中期的霞帔上也可以见到同样的表现手法。这一现象一方面印证了前文提到的“中国服装传统观念中追求的完整性是相对的”的观点，另一方面也可以说明在看似只注重二维形态平面裁剪的中国传统服装观念中，并不是完全否定立体造型的表达。其实，这种隐藏在平面结构中的立体造型手法在中国传统服装中时有出现，早在战国时期就有可以作为物证的服装实物留存。江陵马山楚墓出土的小菱纹绛地锦棉衣的两个腋下处各嵌缝了一块称作“小要（腰）”的长方形布片，从而增加了袖窿与胸围的活动量，并因此导致肩线略倾斜进而实现更加“适体”的穿着效果[1]。尽管长马甲的这种破肩缝造型手法随着与倒大袖袄的“合体”而消失，但从中反映的偏斜肩线的手法与立体造型意识却给此后的旗袍研究以极大的启示。

二、“束胸期”的紧身旗袍

在《良友》创刊之初的1926~1927年，杂志上出现的无论是旗装袍服还是倒大袖旗袍，抑或男性化的长衫，与之前的传统服装最大的差异是减少了大量过剩的装饰，虽然衣身的松量也有所缩减，但当时的女装廓型以A型为主，服装仍然较宽松。这种情形在1929年的杂志上开始有明显改变，第38期中出现的旗袍造型普遍较之前合体了很多，图3-26中的几位拿着小提琴的妇女穿着的旗袍已经开始呈现出清晰的H型造型，无论袖口还是旗袍的底摆都与之前流行的宽松的A型有着显著区别。在《良友》杂志的图片库中，这种衣身合体、造型呈H型的旗袍最早出现在第三十二期（1928年11月刊），频繁出现于20年代末至30年代初期。图片中旗袍的总体廓型与之前的倒大袖旗袍相比

[1] 沈从文. 中国古代服饰研究 [M]. 上海：上海书店出版社，2011：99.

较更加紧身，但此时旗袍的“紧”主要体现在胸部，腰部反而较宽松（图3–27、图3–28）。

这些旗袍的共同点反映了旗袍在这个发展阶段的典型特征，也是与西方服装发展所采取的手法有所差异的“中国的方法”，这个方法的关键词是“束胸”。

追溯漫长的服装发展史，东西方服装几乎都是从宽松的造型开始的。西方女装由松到紧的转变出现在中世纪，公元11~12世纪处于欧洲服装史的罗马式（Romanesque）时期，“这个时期既是日耳曼人吸收基督教和罗马文化后，逐渐形成独自的服装文化的过程，又是西洋服装从古代宽衣向近代的窄衣过渡时徘徊于两者之间的一个历史阶段……罗马式后期，女服中出现了收紧腰身，显露体型曲线的举动[1]” 当时普遍穿着的外衣“布里奥”（Bliaut）在12世纪后期开始显现出收紧腰身的趋势。进入随后的哥特式（Gothic）时期后，这种通过收紧腰身来凸显女性人体曲线的方法进一步发展，女装造型中出现了用来强化女性胸腰臀曲线的“省”（Dart）的结构。西洋服装中省的运用“改变了只从两侧收腰时出现的不大合体的难看的横褶，毫不勉强地把躯干部分的自然形表现出来，优美的人体（特别是女体）曲线美由此诞生。[2]”中国传统服装由松到紧的过渡较欧洲晚七百余年，但中国与西方的本质差异不是时间，而是对于收紧部位的理解与收紧的手法。显而易见，在面对服装由松到紧的命题时，欧洲人率先收紧腰身进而凸显女性人体的曲线，而中国人则是率先收紧胸部，这无疑是一个值得关注的问

26 | 27 | 28

图3–26　穿着合体旗袍的妇女
（图片来源：《良友》第三十八期，1929年：23）

图3–27　胸部造型紧平的旗袍一
（图片来源：《良友》第三十八期，1929年：26）

图3–28　胸部造型紧平的旗袍二
（图片来源：《良友》第四十八期，1930年：12）

[1] 李当岐. 西洋服装史 [M]. 北京：高等教育出版社，1995:47.
[2] 同[1]:53.

题。当时的紧身旗袍以平胸为美，形成这种审美的原因就是中国妇女的“束胸”习俗。

张爱玲曾经描述民国时期的标准美女是“削肩，细腰，平胸，薄而小[1]”。当时的妇女为了达到最理想的平胸效果而和裹脚一样采取了辅助手段——穿着“抹胸”。在《清稗类钞·服饰》中曾经提及抹胸这一服饰品：“抹胸。胸间小衣也。一名抹腹，又名抹肚，以方尺之布为之，紧束前胸，以防风之内侵者，俗谓之兜肚。[2]”其实肚兜古已有之，功能也多以“防风之内侵”为主。《中国历代服装、染织、刺绣词典》中对束胸的词条作如下解释：“古代妇女紧束胸部的一种贴身内衣。明代妇女有束胸的习俗，清代、民国时期得到继承。这种束胸内衣，旧时称为‘捆身子’、‘小马甲’……小马甲多半以丝织品为主……对胸有密密的纽扣，把人捆住，因从前的年青女子，以胸前双峰高耸为羞，故百般掩护之。[3]”这种“平胸美学”在穿着宽松服装的封建社会里尚不够突显，但到了服装紧身合体的现代社会就“图穷匕见”了。

巧合的是，这种平胸美学在同一时期的欧洲也曾经大肆流行。20世纪20年代正是欧洲服装实现现代化演变的重要阶段，1914~1918年的第一次世界大战是世界史上的一次大浩劫，却无形中推进了服装的现代化步伐。“这个巨大的社会变化，自然对方兴未艾的时装行业产生了很大的影响。妇女直接参加生产和战争，对于传统的服装是一个直接的打击，服装的观念、形式、裁剪、生产、面料都与前10年大相径庭，这个阶段应该视为现代服装的真正开端。[4]”当时由于大量男子参战，被迫走出家庭进入社会的妇女承担了原本是男人承担的社会工作。这直接促使服装向更加简洁、实用的方向发展。“已经走出闺房的新女性们冲破传统道德规范的禁锢，大胆追求新的生活方式，过去那丰胸、束腰、夸臀的强调女性曲线美的传统审美观念已无法适应时代潮流。一旦从封建礼教的束缚下解放出来，人们便走向另一个极端，即否定女性特征，向男性看齐。于是，那高耸的第二性征——乳房被有意压平……[5]”在《改变时尚的100个观念》一书中有这样一段描述：“到20世纪20年代，大多数女性开始接受一种由松紧带制成的窄式文胸，它是一款类似绷带式

❶ 金宏达，于青. 张爱玲文集 [M]. 合肥：安徽文艺出版社，1992：28.
❷ 徐珂. 清稗类钞 [M]. 北京：商务印书馆，1966.
❸ 吴山. 中国历代服装、染织、刺绣辞典 [M]. 南京：江苏美术出版社，2011：126.
❹ 王受之. 世界时装史 [M]. 北京：中国青年出版社，2002：34.
❺ 李当岐. 西洋服装史 [M]. 北京：高等教育出版社，1995：171-172.

的内衣，这种胸衣的效果是将胸部裹平，从而达到当时流行的‘男性化’的身形。[1]”关于欧洲流行时尚的这段历史，《时装》一书中也有类似的叙述：“1920年代的年轻女子们把胸部绑起来，试图塑造男孩般地形体……反讽的是，此时的胸罩不是尽量使乳房显得丰满，而是要让乳房尽可能变小，来塑造理想的男孩似的身材！硬硬的紧身衣被用来抹平起伏的曲线，松紧带慢慢改变了内衣裤的结构。[2]”

西方服装观念对当时中国社会的影响是毋庸置疑的，但与西方追求平胸造型的“男性化”风格在女装发展史上的昙花一现不同，当时中国的平胸美学却是已经默不作声地流行了几百年了。在那个年代里，西方的时髦女孩把历史上曾经借助胸衣极力塑造凸起弧线的胸形用胸衣给裹平的目的，是为了向男性看齐，而中国妇女几百年的束胸史显然不是为了让自己更加男性化。所以虽然在20世纪20年代的欧美和中国，时髦妇女都喜欢借助胸衣来塑造扁平的胸部形态，但出发点是完全不同的。

在有着悠久历史的平胸美学观念影响下形成的束胸行为也在旗袍发展史上留下了痕迹，与处在混沌期的倒大袖旗袍相比，这一时期的旗袍在整体造型上明显收紧了衣身，但服装的廓型依然还是平直的。表3–2中共提取了10件混沌期的服装（4件倒大袖袄、1件长马甲、5件旗袍），与3件束胸期旗袍进行图像对比与数据分析。从服装造型特征中清晰地显示出当年这两个时期的服装在形态上的异同，实测的数据也进一步佐证了研究结果。编号为1、11、13的3件服装来自北京服装学院民族服饰博物馆，编号为2、4、6、7、8的5件服装来自东华大学服装服饰博物馆，编号为3、5、10、14、15的5件服装由私人收藏。东华大学服装服饰博物馆的旗袍数据摘自《近代中国女装实录》，其中的个别部位尺寸不详，但这几处数据并不影响本节的分析。北京服装学院民族服饰博物馆收藏旗袍的数据以实测为主，部分数据来自博物馆网站上公布的信息。私人收藏旗袍的数据来自实测。对服装实物进行实测获取数据的部位包括前长、后长、胸围、上胸围、下胸围、腰围、上腰围、下腰围、臀围、上臀围、下臀围、下摆宽、通袖长、领宽、前领深、后领深、领高、领围、领条长、底襟宽、开衩长、大襟扣位、扣长等，从研究整体造型比例的角度出发，表3–2中提取了主要的七个数据进行比较分析。

---

[1] 哈里特·沃斯里. 100个改变时尚的伟大观念[M]. 唐小佳，译. 北京：中国摄影出版社，2013：18.

[2] 安德鲁·塔克，塔米辛·金斯伟尔. 时装[M]. 童未央，戴联斌，译. 北京：生活·读书·新知三联书店，2014：38.

表3-2 "混沌期"与"束胸期"服装数据采集

单位：厘米

编号	造型	前中长	胸围	腰围	臀围	下摆围	通袖长	领围
1	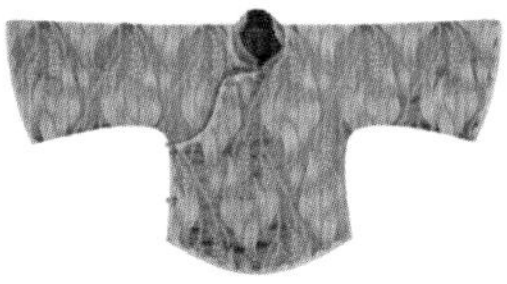	49.5	84	87	无	90	103	38
2	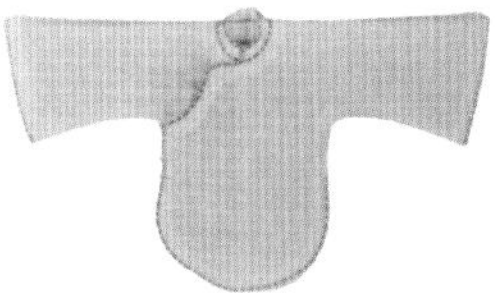	59	80	不详	无	80	111	不详
3		50.5	88	88	无	98	105	36
4		55	84	不详	无	100	108	不详
5		98.5	80	82	94	120	30	35.5
6		104	80	不详	不详	120	110	不详
7		108	74	不详	不详	126	102	不详

续表

编号	造型	前中长	胸围	腰围	臀围	下摆围	通袖长	领围
8		105	80	不详	不详	114	106	不详
10		112	86	92	99	110	150	36
11		122	88	94	101	152	157	41
13	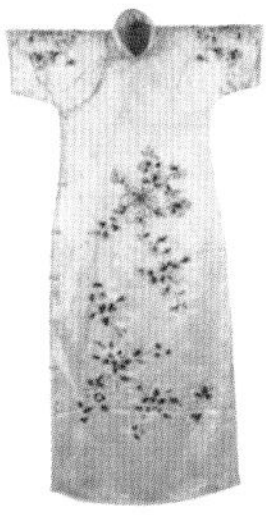	120	82	86	100	104	69	34.8
14	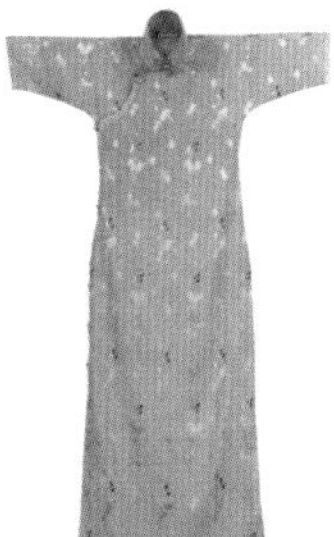	123.5	82	86	92	101	78	35
15		122	78	82	94	98	86	34

通过旗袍的形态对比与数据分析可以梳理出三个大的趋势。第一，无论早期的倒大袖袄、长马甲还是倒大袖旗袍，胸围、腰围、臀围、衣摆四个部位的围度数据呈现出清晰的逐层递增的趋势，整体造型呈上窄下阔的A型。其中编号3~11的服装从胸围到衣摆的围度数据差异较大，编号11的窄袖旗袍下摆与胸围差达到了64厘米，A型的呈现也最为清晰。编号13~15的3件旗袍自胸至衣摆的围度虽然也是逐层递增，但相对于编号3~11来说递增的数据要明显减少，三件旗袍平均差为20厘米，所以尽管总体造型仍然具有A型特征，但与混沌期的旗袍马甲、倒大袖旗袍相比已经开始呈现出向H型的过渡趋势。第二，与混沌期鲜明的A型相对应的，是A型服装侧缝的线形也呈现出平顺的直线形态，服装总体廓型平直。发展到紧身期的旗袍阶段，随着服装造型向H型的靠拢，侧缝的线形也开始呈现出弧线的形态，通过实物对比与数据分析，服装整体廓型呈现出由直线造型向曲线造型过渡的趋势。第三，这两个时期所有服装的胸围数据都比较小，13件服装胸围平均值为82厘米（最瘦的编号7只有78厘米，最肥的编号3与11也只有88厘米）。按照现代服装人体工学中服装胸围部位的最小松量（呼吸量、活动量）4厘米来推算的话，这些服装主人的胸围最小的只有70厘米，尽管当年旗袍大多都是量体裁衣，存在着明显的个体性差异，而且这些旗袍实物大多收购于上海等南方城市，这些胸围瘦小的服装多少也取决于江南女子娇小的身材，但总体看来胸围尺寸的紧与小依然是有别于此后旗袍的显著的特征，这一数据无疑成为束胸期旗袍流行的一个强有力的佐证。

这一时期出现的紧身旗袍的束胸行为反映了中国传统女人体与服装的审美观，中国人历来都不是把女人体胸腰臀的曲线变化作为审美主体的，甚至在很长一段时期里反而追求小而平的胸。所以，在传统宽松造型的服装向现代合体造型服装过渡的初期，服装上率先收紧的不是腰而是胸。在这种束胸审美观念的背后，更可以感受到古人对于人与服装关系的独特理解。所谓“独特”，是站在当今西化的服装观念的角度而言的，那么这西方视角下的“独特”也正是中国传统的已经淡化甚至被遗忘了的“个性”。关于这一点，将在以后的章节中进行有针对性分析。

三、“收腰期”的合体旗袍

抛开审美观念仅从生理的角度看，束胸的小马甲对人体的禁锢也是显而易见的，由于束胸的行为由来已久，所以在西风东渐的20世纪初期，时人对束胸的控诉也是早于现代旗袍出现的。早在1920年的《妇女杂志》上就有文章痛陈束胸之害：“妇女因为生理的不同，胸部比较发达，一般妇女，因为外观上的关系，就用带束住它，或穿紧小的衣服，使胸部不致突出。这一来，于生理上，就起了危害，妨碍血液的流通，阻碍胸部的发达，因此致病的很多。这种习惯，实在和往昔的缠足差不多，人类都有自然的美，为什么要矫揉造作呢？[❶]”随着新式旗袍的出现，束胸问题更加突显，社会上对于这一陋习的反对之声也越来越响亮。1932年《玲珑》杂志上一篇讨论妇女乳罩的文章曾经做过这样的评价：“普通女子使用的小马甲，是缝得很窄很紧的，把乳部紧紧束着，同时胸部发展也不能舒畅。[❷]”而广东维德女子中学校教员林树华发表在《妇女杂志》上的文章更是怒斥束胸陋习：“缠足之害渐减而束乳之患方兴，两者举为女界至伤至惨之事，前弊未祛而后祸荐至。此伤时之彦，所由太息也。然束乳之风于民气先开者为尤甚，若僻陋之乡则无见焉，是诚大惑不解者也。夫胸部之发达，系于一身者綦重。乃今束缚之以伤其腑肺，阻其呼吸，必使肢体羸弱，疾病丛生，而寿不久矣。吾女界之同胞何贸然而不思之也。[❸]”

束胸行为与社会发展的矛盾在20世纪20~30年代因为旗袍的由宽松转向紧身而日益突显，束胸期旗袍偏于直线型的“紧”，让国人开始重新审视中国传统的道德与审美标准，在这个过程中，现代化进程已经走在中国前面的西方给予国人很大的影响。林语堂在《吾国与吾民》中曾经写道：“现代妇女之气质、装饰、举止和自立的精神，完全不同于十年前的所谓时髦姑娘。这种变迁乃由于各方面的势力在发生作用。总括地说，它们可以称为西洋势力的影响。[❹]”而留法博士张竞生也在书中揭示了传统妇女“羞于”展现胸部曲线的根源：“误认衣服为‘礼教’之用，不敢开胸，不肯露肘，又极残忍地把奶部压下；[❺]”于是，伴随着新文化运动观念解放思潮，当时的国人开始接受更加健康的人体美标

---

❶ 徐世衡. 今后妇女应有的精神 [J]. 妇女杂志，1920，6(8).

❷ 张竞琼，钟铉. 浮世衣潮之评论卷 [M]. 北京：中国纺织出版社，2007.

❸ 林树华. 对于女界身体残毁之改革篇 [J]. 妇女杂志，年代不详.

❹ 林语堂. 吾国与吾民 [M]. 长沙：湖南文艺出版社，2012：146.

❺ 张竞生. 美的人生观：张竞生美学文选 [M]. 北京：生活 · 读书 · 新知三联书店，2009：18-19.

准。与废弃小马甲、停止束胸的呼声相呼应的是主张突显妇女身体曲线美的口号。发表于1932年的文章《装饰美与修饰美》中就曾大声疾呼："我们要奶部高耸，臀部丰满，嘴部鲜红。只有去修炼我们的身体。去运动，穿宽大些的衣服，把我们较弱的身体坚固起来，把我们嫩脆的肌肉筋骨结实起来。如此我们内部的完美就形成了外表的美来。❶"束胸问题在20世纪30年代成为讨论的焦点，而当年思想文化界的风云人物张竞生早在1921~1926年北大哲学系任教时就已经对这种行为予以痛斥，并从美观、卫生的角度进行了女性美的分析："我在此应当提出一个极为紧要的事，即是'束奶帕'及为此目的的各种束缚物，都应该废除……女子有大奶部，原本自然，何必害羞。况且奶头耸起于胸前，确是女子一种美象的表征。因为女子臀部广大，奶头在上胸突出，正是使上下前后的身段得了平衡的姿势。我国女子因为束奶的缘故，以至于行动时不免生了臀部拖后，胸部扯前的倾斜状态，这不独不美观，并且极不卫生。故现在女装的改良，于如何解放胸前及支托乳部的问题极占重要的位置。❷"

由束胸到"托乳"的转变直接影响到旗袍形态由直线向曲线的过渡，即通过服装突显中国妇女身体的美好曲线。1934年一篇发表在《时报》上的文章清晰地表达了这一观点："近年服装变化的总结帐（账），就是限于不裸体的范围以内，要显出身体的美丽来，所以材料要柔软，质地要单薄，至于裁剪上近年效法西服，线缝不一定是直线的，也是显著之进步。❸"这里谈到的从直线到曲线的造型转变，核心就是将服装塑形的重心集中到女性躯干的曲线表现上，也就是突显胸、腰、臀三个部位适度的围度差。到了这个时候，旗袍形态的迁演开始进入了现代化进程中最为关键的阶段，即相关著作中提到的旗袍的"黄金年代"或"鼎盛期"。这一阶段的关键词是：合体。

目前，大多数研究旗袍流行的文章与著作都将研究重心放在旗袍的袖子、衣襟、领子等部件的结构变化上，这无疑受到了民国时期《良友》《时报》《玲珑》等杂志的影响。当时杂志对于旗袍流行的介绍主要是对旗袍各部位结构的描述："最初的时候，一般小姐们所穿的格

❶ 佚名. 装饰美与修饰美 [J]. 玲珑，1932(8).

❷ 张竞生. 美的人生观：张竞生美学文选 [M]. 北京：生活・读书・新知三联书店，2009：21.

❸ 佚名. 半世纪来中国妇女服装变迁的总检讨——现代的服装也却又相当的成功，不是直线的而是曲线的循环的 [J]. 时报（服装特刊），1934.

式差不多都是短袖，长并不见长，大概在膝盖的下面，这就是所谓短旗袍，到后来盛行的格式就是长袖，它的长度要差不多到脚板上为止，很显得姑娘们的美丽，这就是所谓长旗袍。现在所谓盛行的式样，就是短袖。它的长在脚板的上面，开衩也开得很高，有的差不多竟到膝盖，此即所谓1933年最摩登的格式。❶”对后世影响更加深远的是《良友》在1940年的那篇梳理旗袍15年流行规律的文章，文章运用欧洲的时尚流行理论梳理了旗袍裙长变化所形成的流行趋势，并且归纳了在20世纪30年代旗袍发展过程中的几类经典造型，文中总结的花边运动、高衩旗袍、扫地旗袍、无袖旗袍都成为后人研究处于鼎盛期旗袍的重要资料。不过，对于旗袍形态由松到紧、由直线型到曲线型转变的研究则相对有限。《良友》上的具有曲线造型旗袍的图像最早出现在1934年，图片上已经可以清晰地见到旗袍前片衣身造型对于胸部曲线的表达（图3-29、图3-30）。《旗袍的旋律》中提到1934年旗袍流行时也在结尾处透露了这个重要信息：“当时的旗袍还有一个重大变迁，就是腰身做得极窄，更显出全身的曲线。❷”旗袍在之后的发展中延续着合体、收紧的趋势，到30年代后期造型手法已经炉火纯青（图3-31、图3-32）。

表3-3中收录了10件这一时期旗袍实物的实测数据，编号16~19的旗袍来自北京服装学院民族服饰博物馆，编号20~25的6件旗袍均为私人藏品。

29	30	31	32

图3-29　呈现凸胸造型的旗袍
（图片来源：《良友》第九十二期，1934年：封面）

图3-30　1934年杂志上的旗袍造型
（图片来源：《良友》第九十六期，1934年10月15日：封面）

图3-31　1935年杂志上的旗袍造型
（图片来源：《良友》第一〇五期，1935年5月：封面）

图3-32　曲线优美的30年代旗袍
（图片来源：《历久常新：旗袍的变奏》，萧丽娟等编著，香港历史博物馆，2011年：76）

❶ 佚名. 旗袍的沿革 [J]. 时报(服装特刊)，1934.
❷ 佚名. 旗袍的旋律 [J]. 良友，1940(150)：67.

表3-3 “收腰期”旗袍数据采集 单位：厘米

编号	造型	前中长	胸围	腰围	臀围	下摆围	通袖长	领围
16		116.5	83	78	100	105	91	36.5
17		122.5	83	82	98	106	136.5	36
18		134.5	86	79	92.5	93	87.5	34
19	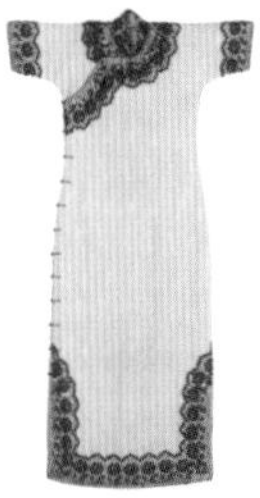	130.5	85	78	93	93	73.5	35
20		116	83	70	90	90	44	32
21		116	89	70	91	90	75	33

续表

编号	造型	前中长	胸围	腰围	臀围	下摆围	通袖长	领围
22		112.5	92	72	100	98	44	35
23		130	92	71.5	98	98.5	50	35.5
24		138	90	71	96	93	52	35
25		136	91	73	99	96	51.5	34.5

从实测数据的分析中可以梳理出以下几点特征：第一，这一时期旗袍的整体廓型已经完全不同于此前两个时期的A型与H型，而是呈现出明显的S型曲线特征。数据显示胸围与衣摆的围度差明显减少（平均9.55厘米，只有两件围度差在20厘米以上，其余均在1~8厘米），尤其是臀围与衣摆的围度差已经非常接近，甚至个别几件的衣摆围度已经小于臀围（编号21、22、24、25）。与之相对应的是躯干部位胸腰臀围度的变化，此时旗袍实物的腰部已经明显收进，形态呈现出清晰的收腰曲线，10件旗袍的胸腰差平均值是12.45厘米（最大值是编号23的20.5厘

米，最小值是编号17的1厘米），腰臀差平均值是21.3厘米（最大值是编号22的28厘米，最小值为编号18的13.5厘米）。以上数据是这一时期旗袍曲线廓型的有力佐证。第二，“束胸”行为大势已去[1]，这一时期的旗袍反映出当时妇女自然的胸围数据。10件旗袍的胸围平均值为87.4厘米，尽管数据上仅仅比前两个时期服装胸围增加了3.15厘米，但在人体尺寸与服装围度关系上，这几厘米的差异已经足以说明问题。10件旗袍中胸围尺寸最大的是编号22、23两件，达到92厘米，这一数据已经和现代中国国家标准女装的M号尺寸接近，由此也可推断出当时女性净胸围的数据已经与现代中国女性接近。第三，臀围数据反映了实用与审美的双重功能。尽管以量体裁衣形式制作的旗袍每件之间的个体性差异普遍存在（例如，从身长、围度等数据中可以推断编号20的旗袍主人身材娇小，编号25的旗袍主人则身材高挑而丰满），但总体看这10件旗袍的臀部给予的放松量都不算少。10件旗袍臀围平均值为95.75厘米，腰臀差平均值达到了21.3厘米。这一数据一方面显示出当年旗袍的造型变化是充分满足着装者的坐、行等活动对服装放松量的需求，另一方面，此时服装优美的曲线廓型很大程度上也是因为腰臀围度差的加大而强化的。第四，紧窄的旗袍衣领特色鲜明。10件旗袍的立领围度平均值只有34.65厘米，其中由身材娇小的女主人穿着的编号20的旗袍领围只有32厘米，编号16的旗袍领围最大，但是也仅仅有36.5厘米。根据这一数据推断，此时旗袍的领围基本是人体颈围而没有加任何的放松量，为什么在旗袍上会出现如此紧窄的领子，这是一个值得深入研究的问题。

这一时期的旗袍实物穿着在人体上之后可以呈现出非常立体的造型：肩部紧窄合体、胸腰臀的曲线柔和优美，穿的行为在此时旗袍的形态研究中开始占有越来越重要的位置。实测数据同样印证了这一时期旗袍典型的造型特征，此时，女人体胸、腰、臀的围度差异在服装上已经可以游刃有余地表达。有一个现象值得关注，对这一时期旗袍实测的数据并不能与现代通用的西方服装人体工学尺度相对应，当时的旗袍尺寸与人体数据间收紧与放松的尺度似乎隐含着中国传统服装观念中“一张一弛”的度，这也使得此后的研究方向逐渐清晰明朗。

[1] 尽管束胸的行为作为一种“传统习俗”在此后的很长一段时间内依然存在，但在当年“天乳运动”轰轰烈烈开展的大背景下，“放胸”已经成为大势所趋。这一点通过实物也可以得到证实，在现存的当时引领潮流的旗袍中，依然体现束胸的服装实物比例极少。

第三节　造型迁演的内因与外因

《良友》中的566幅作为研究样本的图片反映了一段生动、真实的旗袍社会生活史。每一期杂志中的旗袍形态都和当时的政治、经济、文化活动紧密相关，都是再现当时生活状态的重要资料，也是当年生活观念的直观反映。从旗袍的总体造型角度分析，呈现出明显的由宽松到合体的趋势，这也是服装从重装到轻装的现代化演进的一个重要标志。

综合来看，20世纪20年代旗袍的出现与流行同当时国内外诸多因素的影响密不可分。第一，在复杂的社会动荡时期，呈现出全新面貌的中国社会迫切地需要与之相适应的服装出现，服装的现代化已成为大势所趋，这为旗袍的流行创造了重要的客观条件。第二，《良友》杂志中呈现的旗袍流行充分显示出从明星引领到民众普及的传播轨迹。《良友》是一本见证了现代旗袍的形成、发展与辉煌的流行期刊，从杂志中出现的旗袍着装者身份来看，早期主要是电影明星、社会名流等引领时尚潮流的人对旗袍的流行起到重要的推进作用。同时，政府的服装法令在顺应社会流行大趋势的基础上，对旗袍的流行与发展也起到了推动的作用。1912年，成立不久的民国政府颁布了《中华民国临时约法》，其中的服饰条例部分明确规定以衫裙为女士礼服。随着当时社会的变革，服装也在与时俱进地迁演，短短的十几年后，成功完成由传统向现代转变的旗袍就已经成为当时都市妇女着装的首选。到了1929年，国民政府颁布的服装法令中，旗袍已经取代了此前的衫裙成为正式的女士礼服。时尚变迁促使服装政令发生变化，服装政令也会推进时尚流行。进入30年代以后，旗袍进一步在都市女性中普及，进入最具华彩的发展时期。第三，当时旗袍造型中可以找到旗装、袄、长马甲、长衫等同时期社会上广泛使用的多种服装的影子，目前理论研究也对于当年旗袍的起源众说纷纭。尽管现今已经无法还原当时的实际情形，但旗袍受同时期诸多服装影响的观点也没有有力证据可以驳倒。在那个革旧纳新、思想激荡的时代，旗袍能够出现并最终以使用数量的绝对优势超越同时期的诸多服装而成为普遍流行并影响深远的服装，应该说是综合了诸多服装的优点统而化之的必然结果。第四，20世纪20年代的欧美与中国都一度流行“束胸”的行为绝非巧合。当时的欧美与中国都处于服装现代化发展的重要时期，也都在经历着妇女解放思潮的深刻变化。欧美妇女在宣扬女权、探索以服装解放身体的道路上选择了男性化的方向，并借助胸衣来紧束胸部，这一手法恰恰与中国妇女的身体审美不谋而合，也很有可能给中国服装的现代化思考以启发。因此，不能排除当年束胸旗袍的流行曾经受到欧美束胸风尚的影响。总之，20世纪初期在服装史上出现的旗袍是在服装现代化思潮的推动下，吸收了国内诸服装之长，借鉴了欧美流行之道而形成的全新服装。在造型迁演过程中呈现出从束胸到收腰、从直线到曲线、从二维曲线到三维曲线的规律（图3-33），为20世纪20~30年代旗袍的研究打开了一扇新的大门，门外那条望不到尽头的大路充满了神秘未知，激励着研究者打开思考的广度与维度跨出去深度探究。

在实物研究的时候还发现了一个值得注意的现象，已经在穿着后呈现出鲜明的三维曲线的旗袍在平放时又回复到了二维平面的状态（图3-34），而且在服装上没有发现任何“塑造”三维曲线的痕迹（并没有使用西方收省、破缝等方法塑形），人体的躯干部分是一个复杂的结构体，尤其是女人体的曲线变化与胸腰臀的围度差都很大，如何运用一片二维的布料完成三维立体形态的塑造呢？这是现代通用的西方裁剪技术无法达到的现象，或许其中蕴含的奥秘就是启发当代中国服装设计师穿越古今的钥匙……

A型	H型	S型	S型
直线型	二维曲线型	二维曲线型	三维曲线型
—	束胸	收腰	收腰

图3-33　20世纪20~30年代旗袍迁演规律示意图

（图片来源：作者制作）

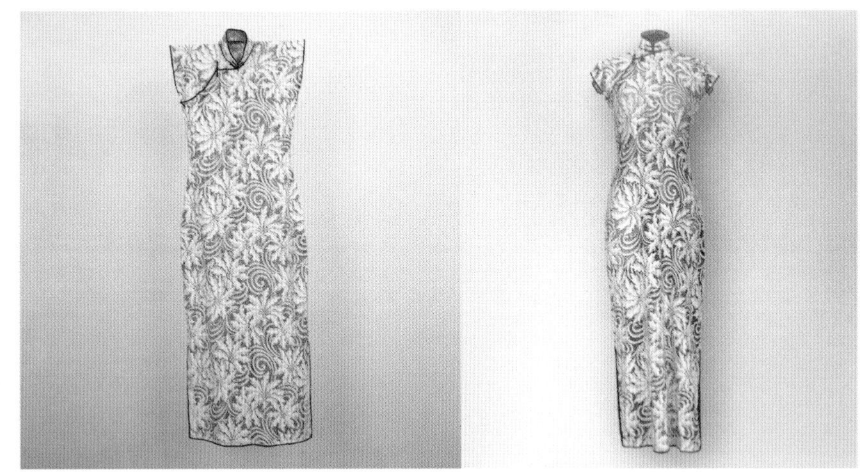

图3-34 同一件旗袍的平面与立体效果对比

（图片来源：私人收藏）

第四章

造型技术的挖掘与梳理

西方人在面对服装造型由松到紧这一命题时，运用科学严谨的方法，以人体胸、腰、臀三个部位的围度数据为基准，补充不足的布料，裁剪掉多余的布料，将服装按照复杂的人体结构需求分解成了若干个不规则的布片，最终通过布片的组合来塑造对应着人体结构的理想服装造型。西方人选择的方法无疑是严谨而有效的，这种造型手段历经几百年的不断迁演、改进一直沿用至今，并且在全世界普及。东方的传统服装造型观念与手法则与西方截然不同，《中西方服饰文化比较》一文中曾就此做过比较分析："前者（东方服装）是'一气呵成'的，充分保持布料原貌，结构也十分单纯，是'非构筑式的'；后者（西方服装）则根据人的体型把衣服'解体'，分成若干个独立的部件，分别完成这些部件的造型后再组装起来，结构复杂，是'构筑式的'。前者充分尊重人的存在，衣服造型依赖于人体才能完成其最终的造型，成型程度较低，多属于'半成型类'；而后者则往往无视人的存在，衣服本身就是一种'人形'的'壳'，许多时候是强迫人去适应这个人造的'壳'，其成形程度较高，多属于'成型类'。[1]"东方传统的非构筑式半成型类服装在解决民国初年出现的这个由宽松到合体的问题时，是用了什么方法实现的这个设计诉求呢？

第一节　关于造型手段的不同解释

对于20世纪20~30年代旗袍造型由平直向立体的变化问题存在着一个普遍认同的解释："旗袍最早来源于满族人的骑装。这种服装起初是没有省道，也没有分割线的。当中式裁缝从西方裁缝那里学习了先进的裁剪技术后，他们了解到省道可以解决臀围与腰围间量的差异问题，将这个差异量收起就可以让衣服变得更加合体。这就是新式旗袍的一个重要演变步骤。[2]"在包铭新著的《近代中国女装实录》中也有类似表达："西式服装工艺的引入帮助中国的服装业把传统的平面服装变成三维的合身的服装：接袖变成了装袖，袖窿结构的完善；省的出现，从腰省道胸省……这样，仍具有中国传统特色的女装，被赋予了新的

❶ 李当岐. 中西方服饰文化比较 [J]. 装饰，2005，000(10)：22-25.
❷ 冷芸. 中国时尚：与中国设计师对话 [M]. 香港：香港大学出版社，2013：5.

结构与内涵。[1]" 总之在目前很多著述中学者们都认为：当时旗袍呈现出来的人体曲线与合体的着装效果是"学习了西方的裁剪技术之后，运用西方收省等裁剪手法实现的"。

但通过对大量的当时旗袍实物研究却发现一个与上面观点截然不同的现象：20世纪20~30年代的旗袍很少运用西方的收省、破缝等塑形技术手段表现服装的曲线，即使到了旗袍穿着后的造型已经呈现出非常清晰的立体曲线的20世纪30年代末，服装上几乎还是很少使用西方技术中用于呈现胸腰臀曲线的最重要手段——腰省，用于突出胸部造型的胸省的使用也极不普遍，而且即使收省也只收很小的省量，至于运用西方构筑式思维把服装"解体"成前片、后片、袖片等零部件造型的手法就更加少见。也就是说，通过对当年旗袍实物的分析得出的结论是：当时旗袍的立体形态中没有或很少运用西方的裁剪技术。

在历史上，中国传统的服装具有非构筑式、半成型的特点，总体风格以平直的廓型与宽松的着装状态为主，穿着服装的目的并不是为了强调女人体的三围曲线，服装穿着后会产生丰富的褶皱，人体结构以及肢体活动对服装功能性的要求基本上都可以通过这些衣褶形成的松量来满足。但在20世纪以后社会要求中国传统服装要由松向紧过渡时，运用一片布以传统的裁剪方法来塑造女人体胸、腰、臀曲线的难度不言而喻。首先就有一个具体的困难摆在面前——挖大襟。"'大襟'是中国传统服装结构中很重要的组成部分，其特点就是衣襟（衣服系扣子的位置）由大小片组成，大片称之为'大襟'，小片称之为'小襟'，并由大襟遮盖小襟……所谓'挖大襟'也叫'开大襟'，多体现在传统的连袖服装结构中，在不破肩缝，不破前、后中心，裁片为一整片时，剪开前片右侧腋下至领口前中心处，使其作为门襟，传统上将此种工艺手段称之为'挖大襟'。[2]" 在旗袍进行现代化演进之前，中国传统服装多采用前中心破缝或大襟处装饰复杂的饰边等方法制作，大襟搭叠小襟的量主要通过拼接一块或几块布料完成。但随着旗袍前中心破缝手法的弃用以及衣襟装饰的剔除，大襟与小襟搭叠量的问题开始凸显出来：不拼接其他的材料，只在一片布上从领口至腋下开剪破缝，如何解决大小襟的遮掩问题？而且，剪开的布料至少要各有0.5厘米的缝头才可以满足缝合的

---

❶ 包铭新. 近代中国女装实录[M]. 上海：东华大学出版社，2004：4.

❷ 朱小珊. 传统旗袍工艺"挖大襟"[M]// 孙旭光. 沉香旗袍文化展. 北京：团结出版社，2014：113.

技术需要，所以如果没有什么有效办法进行处理，开剪处去掉缝头的量至少已经出现了一个1厘米的裂缝了，所以问题已经不只是如何遮掩，如何解决基础的缝头，这个难题也已经迫在眉睫。

第二节　传统造型方法的抢救性整理

一片布料剪开之后缝隙处欠缺的量要怎样补齐并且还要多出大襟与小襟的搭叠量呢？巧妇难为无米之炊，探究这个问题的难度不言而喻。首先，20世纪20~30年代距今已近百年，期间又经历了复杂的社会变革，很多文献、图像、影像资料与实物都已经湮灭难觅了。其次，当今流行的旗袍造型主要运用西式裁剪方法完成，20世纪20~30年代旗袍的制作技艺已经废弃多年，了解这项技艺的手工艺人已经少之又少。再次，“过去有人看不起裁缝，认为小裁缝做衣裳是‘三只洞眼（头部和两袖）套进算数’。[1]”由于传统观念中的“技”长期不被重视，所以对于当时旗袍制作技艺的记录与研究同样稀少。最后，中国传统制衣技艺的传承以师徒口传心授为主，具有不确定性，因此采集信息与深入研究都具有很大的难度。

在这样的背景下，本研究以旗袍的实测数据与工艺分析为基础，通过查阅有限的技术资料，寻访了解当年旗袍制作技艺的老手工艺人，展开对挖大襟的思考方式与技术手法的深入探究，对几近消失的20世纪20~30年代旗袍制作技艺进行抢救性发掘与整理。

民国时期对于旗袍裁剪、制作技艺进行记录的资料主要集中在各女校、农校或裁剪学校的教材中，但总体看旗袍所占的比例都非常少。相对来说较旗袍的长度要短很多的女袄、前后中心破缝的“女长衣”等服装的技术记录比例较大，这两部分的技术手段与当年旗袍近似但仍有不同，因此这部分资料被作为研究中辅助材料而没有纳入直接参考资料中。目前收集到的直接信息来自于当年淮新女校编印的《中服裁法讲义（上册）》、广东岭东裁剪学院编的《裁剪大全》、湖南省立农民教育馆编印的《高级民校服装裁法讲义》，以及近年出版的《中服制作全书》与《中国便装》。这五册书中共收录6件旗袍的裁剪方法，尽管有的方

---

❶ 陈万丰. 中国红帮裁缝发展史：上海卷 [M]. 上海：东华大学出版社，2007：124.

法大同小异，有的方法叙述不够清晰，其中提供的信息尚不足以满足研究的需求，但仍然为进一步的研究提供了极为珍贵的文献支撑。

与现在工业化生产的服装不同，当年旗袍的裁剪与制作是一个边操作边调整的一整套一体性的工作，并不能分解开各自独立完成，也很难像西方服装制板一样运用相对简单的平面纸板表现。所以针对当年旗袍的实测分析与阅读文献只能提供部分数据与方法，但无法还原完整的技术体系，针对技术手段的田野调查成为保障研究深入进行的至关重要的方法。

旗袍的使用地域在进入20世纪50年代以后转到了中国香港、中国台湾和东南亚地区，随后就产生了造型手法上的彻底“西化”，西方的破缝、收省等技术开始成为旗袍造型的主要手段，于是20世纪20~30年代旗袍制作技艺就在日常生活中逐渐消失了，仅存在于一小部分当年了解这一技艺的手工艺人的记忆里。在调研这一时期旗袍造型手段的过程中，发现现在还能探访到的了解当年技艺的艺人们已经少之又少，这个极为小众的群体有的是继承父辈手艺的家族传承人，有的是当年曾经自己制作过老旗袍的家庭妇女，也有精通旗袍制作技艺的手工艺人的徒弟，这些人在现在的工作中已经完全不使用传统的偷大襟的手法制作服装了。通过在上海、杭州、天津、北京等地的走访，借助他们的实物示范或示意性演示，收集到了丰富而有效的造型手法，成为技艺收集与分析最为有效的支撑资料。

当然，当时旗袍的传播是以上海、北京、广州等中心城市为主逐步辐射到全国，在传播过程中融入了大量的民间智慧，不同时期、不同地域的旗袍造型手段、制作工艺也存在着不尽相同的表现手法，所以当年旗袍造型手段一定更加丰富，也一定蕴含着更加闪光的制衣智慧，这也是在以后的研究中需要持之以恒地挖掘、整理的工作。下面将以目前已经梳理清晰的造型手法为基础，针对前文提出的造型问题，选取相对有代表性的四种方法逐一分析。

第三节　四种传统造型方法

当年运用一片布塑形的旗袍只在领口、衣襟、侧缝三个部位进行裁剪，所有的由松到紧、由直线到曲线的变化都蕴含在这几处“开剪”

部位。下面将以衣身部位的技术手段与结构变化为中心，分别叙述四种不同造型手法。由于中国传统裁剪手法是一个动态性的过程，目前没有更为有效的方法用单一的裁剪图表述清楚，所以将按照操作顺序采用裁剪步骤图的方式叙述当年旗袍的造型手法。步骤图中设定的面料布幅宽度为当年常规的90厘米，穿着者的身高约160厘米，净胸围82厘米，净腰围62厘米，净臀围88厘米。

一、“偷大襟”

“偷大襟”是民间对“挖大襟”技术更形象的说法，也是中国手工艺人在面对前文提到的“巧妇难为无米之炊”难题时所迸发的智慧火花——一片布料剪开后，开剪的缝隙处欠缺的量通过巧妙的“偷”得到了完美的解决。这种方法可以在基本不改变服装常规丝道的前提下，充分发挥面料物理性能的弹性，通过对大襟一侧领窝弧线的归紧和小襟一侧领窝弧线的拔开，将制作旗袍欠缺的布料量补充完整并形成搭叠量。只通过对领口部位布料简单的“归拔”技术就补充了制作旗袍所需搭叠量的手法，用“偷”来形容的确再恰当不过。在20世纪20年代，束胸行为尚未杜绝，在胸部长期紧束的情况下，当时妇女的胸腰围度差并没有现代妇女的数据那么悬殊，这也为当时剪裁技术的发展减小了难度。初期的旗袍侧缝造型直顺，只是整体廓型较清代的袍服合体，装饰更加简化，材料更加柔软轻薄。当时出现的“偷大襟”的方法既是服装由宽松向合体迈出的第一步，也是最关键的一步，此后的各种方法都以“偷大襟”为基础展开进一步的发展、变化。

步骤一，准备两个身长的布料，以幅宽中心线为折线，布料的正面在内侧、反面在外侧对折（图4–1[1]）。

步骤二，以布料长度二分之一处为折线对折，折线即是旗袍的肩线（图4–2）。

步骤三，折叠后将四层布边对齐，上两层将作为旗袍的前片，下两层是后片（图4–3）。

步骤四，在已经折叠好的布料上按照比例画出领口与大襟的弧线（图4–4）。

步骤五，沿衣襟的弧线自布边向折边前中心处剪开最上面一层布料（前衣片左侧），如图4–5所示。

[1] 本章步骤示意图由朱小珊老师绘制（示意图尺寸单位：厘米）。

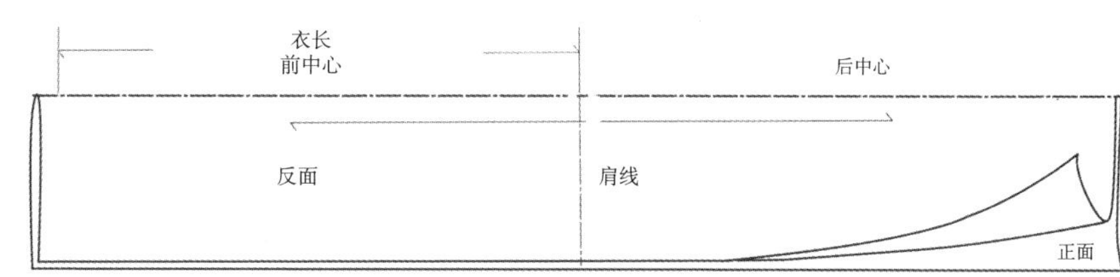

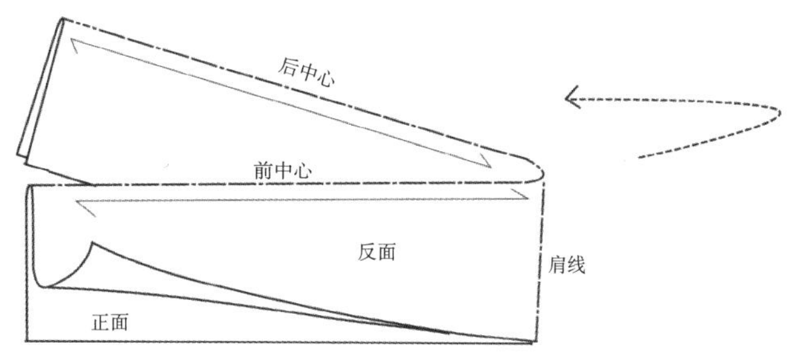

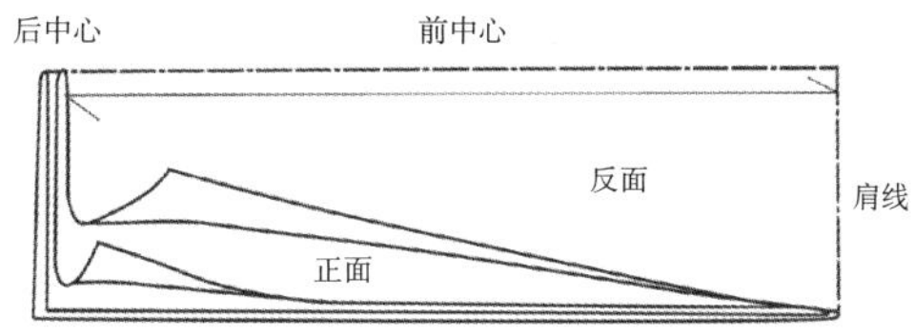

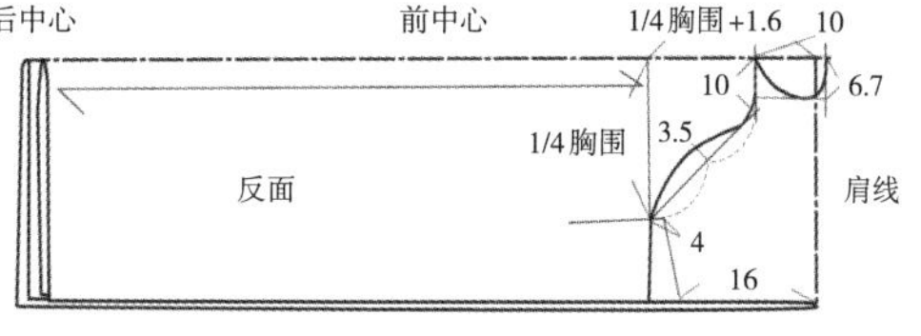

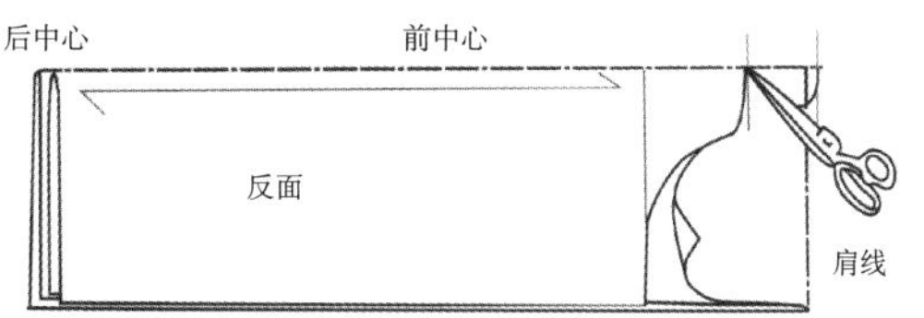

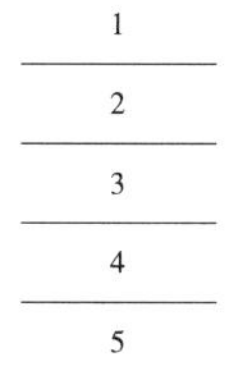

图4-1 “偷大襟”步骤一示意图

图4-2 “偷大襟”步骤二示意图

图4-3 “偷大襟”步骤三示意图

图4-4 “偷大襟”步骤四示意图（单位：厘米）

图4-5 “偷大襟”步骤五示意图

步骤六，自剪开的前衣襟领口处向上沿前中心剪至肩线折叠处，并打开上面的小襟布片（图4–6）。

步骤七，展开所有折叠起来的布料，铺平（图4–7）。

步骤八，小襟一侧衣片的领口处打剪口，剪口距领窝弧线2厘米（图4–8）。

步骤九，将打剪口处的衣片用手或熨斗拔开（图4–9）。

步骤十，大襟一侧衣片的领口处用拱针的方式略抽紧，呈归起状态，使大襟一侧的领口弧线收紧上提（图4–10）。

步骤十一，将拔开的小襟领口搭在归起的大襟领口上衡量拔开与归起的量是否适度，以前中心处搭叠0.5厘米，侧缝处搭叠1.5厘米为佳（图4–11）。

步骤十二，重新对折起幅宽中心线与布长中心线（肩线），对齐四片的布边，按照比例量出胸、腰、臀、袖肥的尺寸点，连接各点画顺侧缝曲线（图4–12）。

二、肩线偏斜

"肩线偏斜"的方法是在偷大襟造型手法的基础上，通过调整前后衣片丝道的方式解决衣襟开剪处搭叠量不足的问题，由于丝道变化而产生了一定的肩斜度，从而使服装造型在不破肩缝的情况下更贴合人体的肩部造型，因此，运用这种方法塑造的旗袍合体度要强于单纯偷大襟的方法。

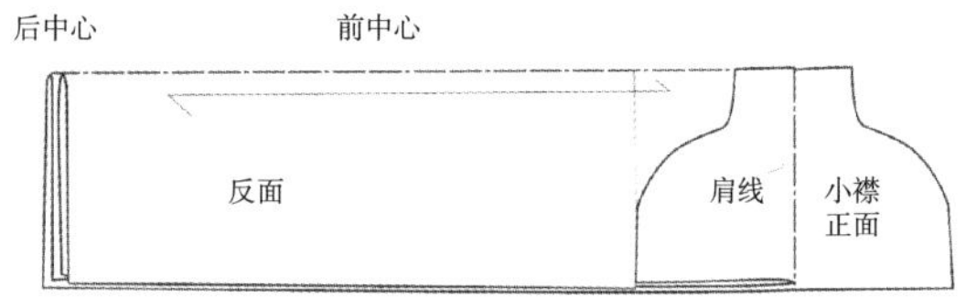

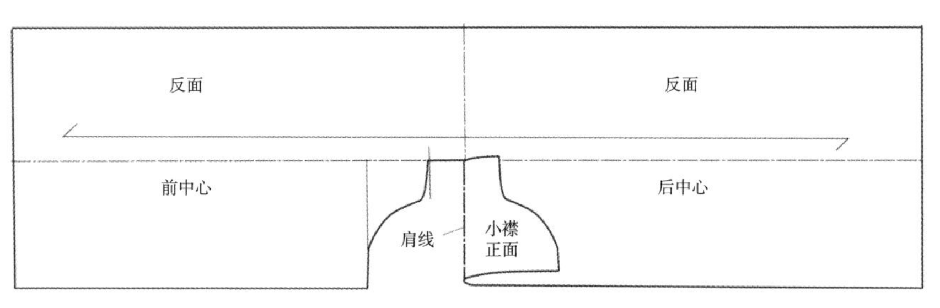

6
7

图4–6 "偷大襟"步骤六示意图

图4–7 "偷大襟"步骤七示意图

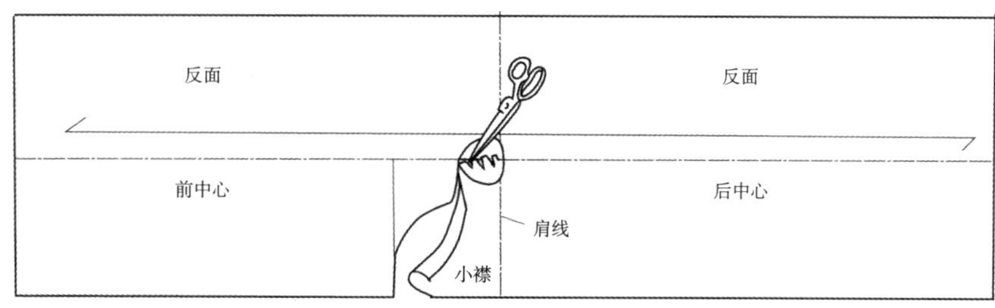

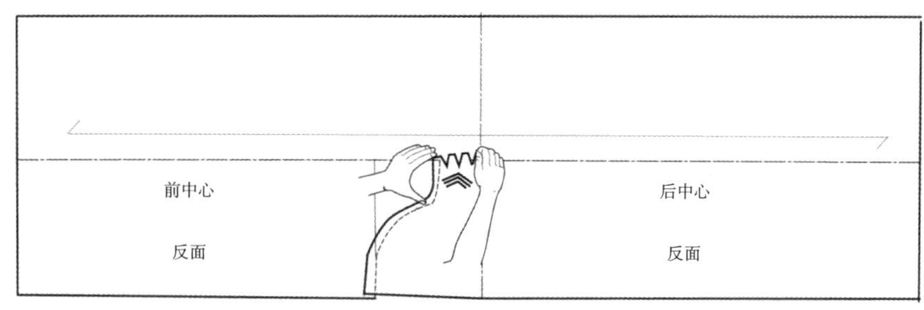

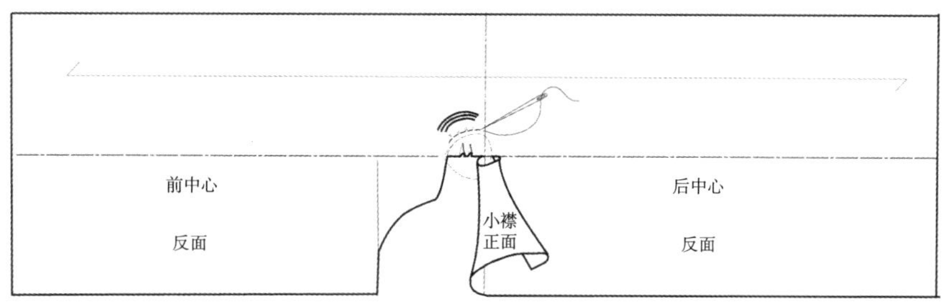

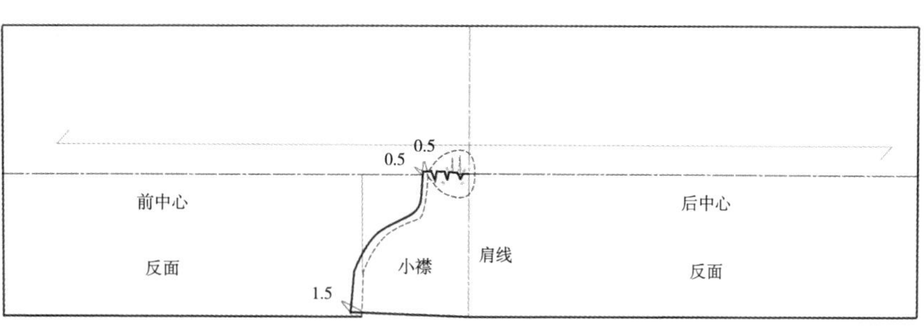

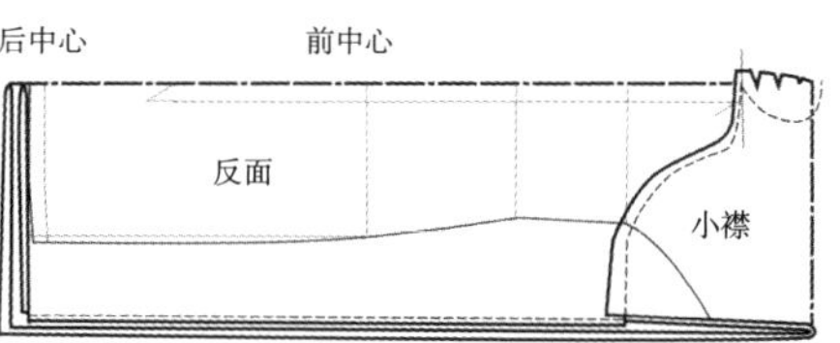

8
9
10
11
12

图4-8 “偷大襟”步骤八示意图

图4-9 “偷大襟”步骤九示意图

图4-10 “偷大襟”步骤十示意图

图4-11 “偷大襟”步骤十一示意图（单位：厘米）

图4-12 “偷大襟”步骤十二示意图

步骤一，准备两个身长的布料，以幅宽中心线为折线，布料的正面在内侧、反面在外侧进行对折（图4–13）。

步骤二，上层布料的布边处沿布料长度二分之一处的分割线向上提起2.1厘米，同时保持该线与幅宽中心线折线交叉处不提起。布料的幅宽中心线因此形成一定角度的偏斜，即旗袍衣身的前后中心线丝道产生一定角度的偏斜。将底层布料长度二分之一处的折线设定为第一折线，上层被提起的折线设定为第二折线（图4–14）。

步骤三，沿第一折线、第二折线将布料再次对折，对齐新的前后中心线。上两层将作为旗袍的前片，下两层是后片（图4–15）。

步骤四，在已经折叠好的布料上按照比例画出大襟的弧线（图4–16）。

步骤五，沿衣襟的弧线自布边向折边前中心处剪开最上面一层布料（前衣片左侧），自剪开的前衣片领口处向上沿前中心剪至肩线折叠处，并打开铺平上面的小襟布片（图4–17）。

步骤六，在小襟前中心距离第二折线3厘米处打两个剪口，剪口长度3厘米左右（图4–18）。

步骤七，用手或者熨斗将小襟前中心打剪口处的衣片拔开一定的量（图4–19）。

步骤八，拔好后，将小襟按第一折线的位置搭叠回来，从而使旗袍的大小襟形成一定的搭叠量。通常情况下，前中心处大约搭叠 0.8厘米，衣身侧缝处搭叠3厘米左右（图4–20）。

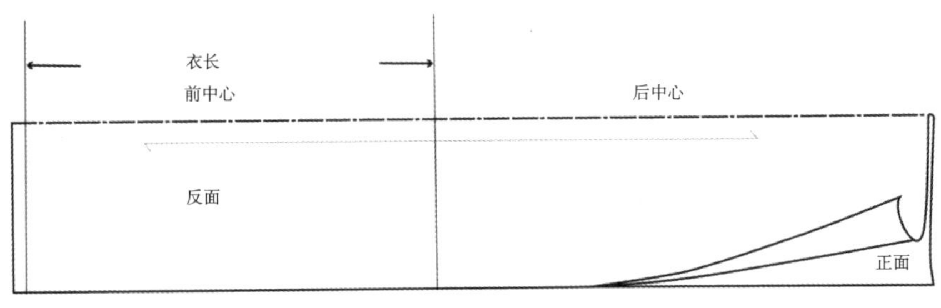

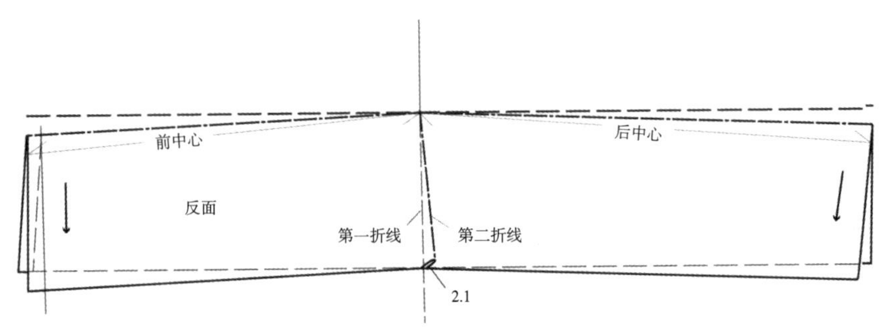

13
14

图4–13　肩线偏斜步骤一示意图

图4–14　肩线偏斜步骤二示意图

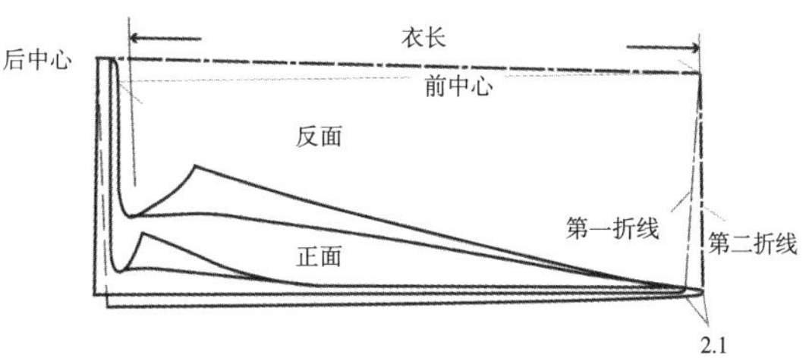

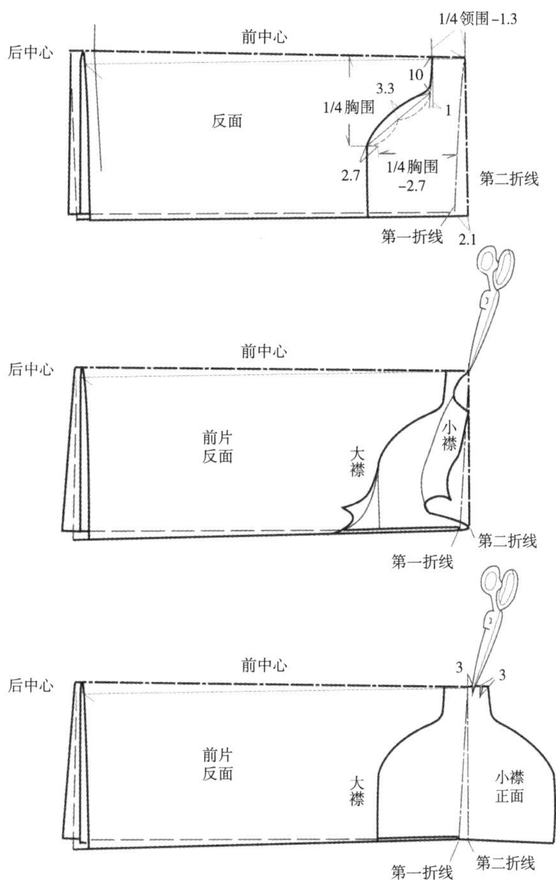

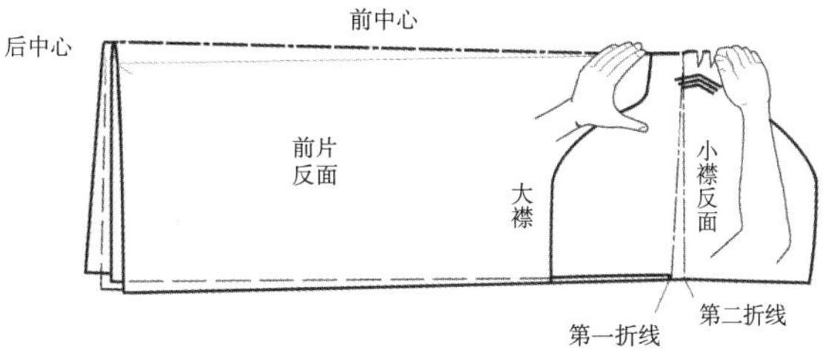

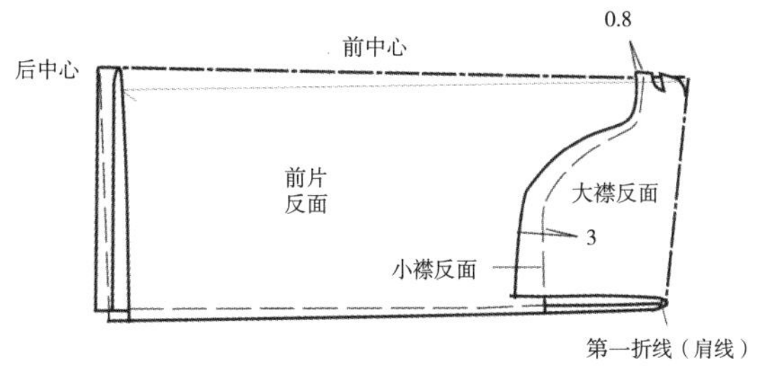

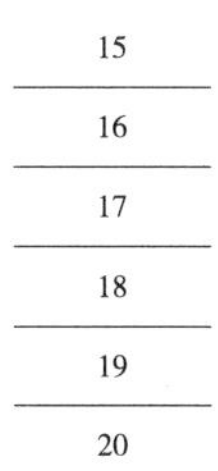

图 4-15　肩线偏斜步骤三示意图（单位：厘米）

图 4-16　肩线偏斜步骤四示意图（单位：厘米）

图 4-17　肩线偏斜步骤五示意图

图 4-18　肩线偏斜步骤六示意图（单位：厘米）

图 4-19　肩线偏斜步骤七示意图

图 4-20　肩线偏斜步骤八示意图（单位：厘米）

步骤九，按尺寸画出领口的弧线，按比例量出胸、腰、臀、袖肥的尺寸点，连接各点画顺侧缝曲线（图4–21）。

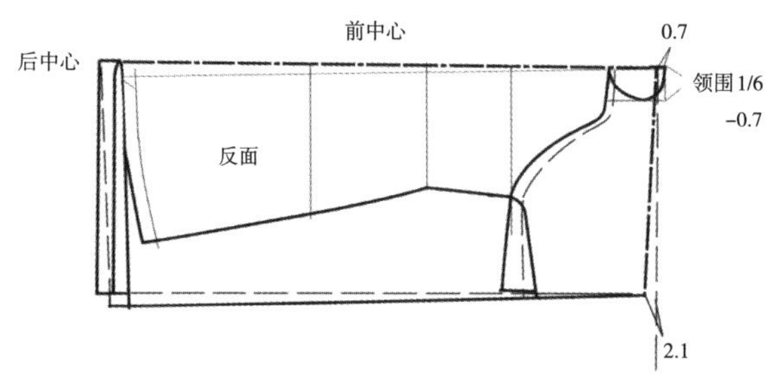

图4–21　肩线偏斜步骤九示意图（单位：厘米）

三、凸显胸形

前面两种方法逐层递进地解决了衣襟搭叠与肩部合体的问题，但女人体胸、腰、臀的曲线塑造还仅限于在侧缝部位的弧线表达，服装的前后衣片造型仍然是直顺的形态，并没有弧线呈现，相对来讲仍然是二维层面上的曲线表达。一片布本身是二维的形态，不经过裁剪就塑造出具备三维立体效果的造型绝非易事，在20世纪20~30年代的旗袍制作技艺中，有几种方法都可以达到这样的目的。概括说来，是在此前偷大襟、肩线偏斜两种方法的基础上，进一步通过留出胸部凸起造型的量，并归进因为凸胸而形成的侧缝多余布料量的方式，实现胸腰曲线的造型诉求。如果用西方的造型技术来理解的话，这种方法相当于在前片布料上制造了胸省，但省量是通过归紧的手法消化掉，而不是以剪掉缝合的方式处理的。

步骤一，准备两个身长的布料，以幅宽中心线为折线，布料的正面在内侧、反面在外侧进行对折（图4–22）。

步骤二，以布料长度二分之一处为折线对折，折线即是旗袍的肩线（图4–23）。

步骤三，折叠后将四层布边对齐，上两层将作为旗袍的前片，下两层是后片（图4–24）。

步骤四，按比例画好领口形状。测量胸高的位置，自前中心向外量四分之一胸围量，并下落1厘米后与前中心的胸高点连直线，成为旗袍的胸围线（图4–25）。

步骤五，按照比例画出大襟的弧线（图4–26）。

步骤六，沿衣襟的弧线自布边向折边前中心处剪开最上面一层布料（前衣片左侧），自剪开的前衣襟领口处向上沿前中心剪至距肩线长度的三分之二处（图4–27）。

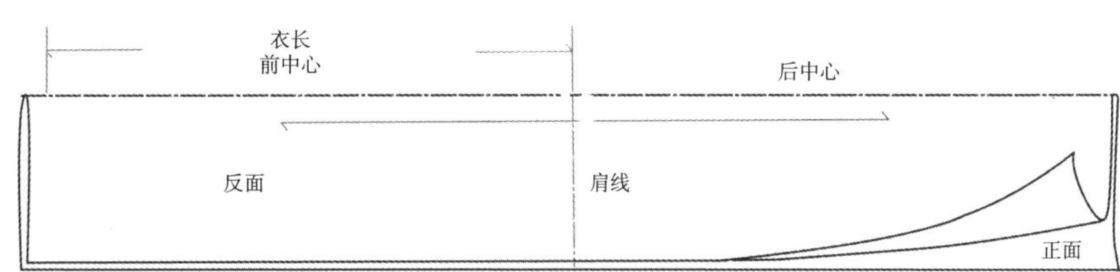

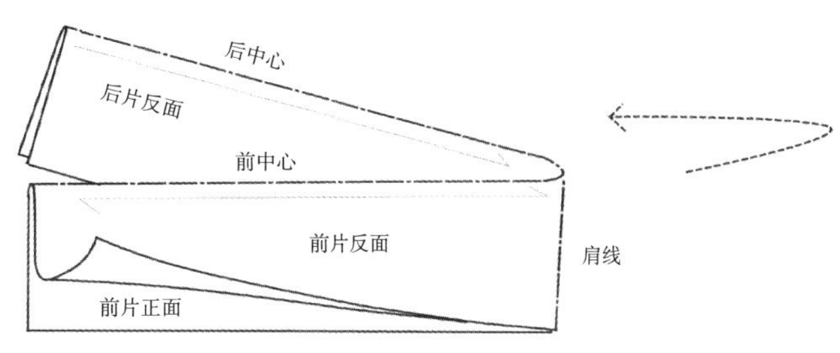

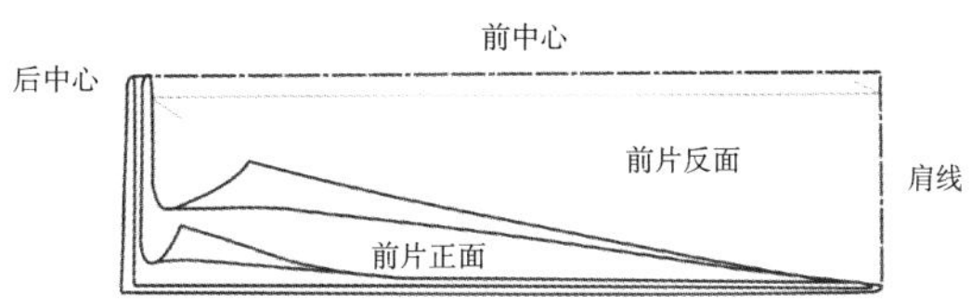

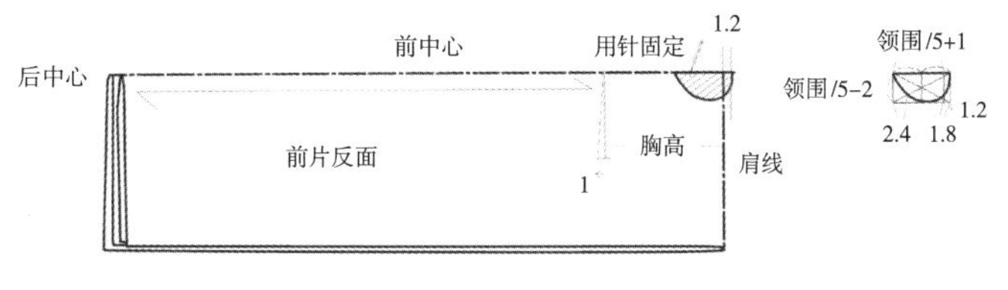

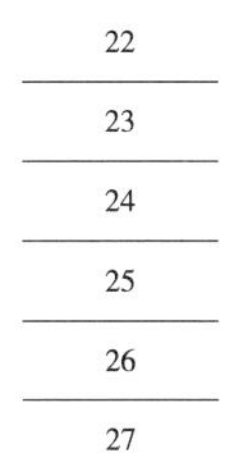

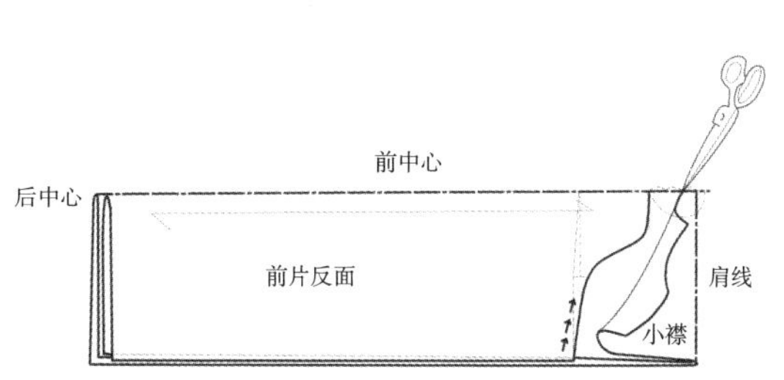

图4-22　凸显胸形步骤一示意图

图4-23　凸显胸形步骤二示意图

图4-24　凸显胸形步骤三示意图

图4-25　凸显胸形步骤四示意图（单位：厘米）

图4-26　凸显胸形步骤五示意图（单位：厘米）

图4-27　凸显胸形步骤六示意图

前中心
后中心
10
胸围/4
前片反面
2
小襟反面
肩线

步骤七，打开铺平上面的小襟布片。在下一层布料（另一侧的前片）领口长度的二分之一处叠起1.5厘米的量，前中心的折叠线随之产生倾斜，与后中心折叠线形成一定的角度（图4-28）。

步骤八，重新叠回小襟，在小襟布料领口长度的二分之一处打剪口，并用手拔开1.5厘米的量（图4-29）。

步骤九，用针固定住胸围线以上的四层布料，以确保在进行相关操作时胸围线以上的面料造型不变。将胸围线以下的最上面一层布料向侧面拉回，保证旗袍底摆处前中心折线较后中心折线向侧缝方向偏斜2~3厘米，由此形成的新前中心线的丝道因此产生偏斜，大襟布片衣襟弧线的袖窿处也会相应出现一定余量，在制作时需要归紧、吃平顺（图4-30）。

步骤十，自中心领口点将四层布料的最底层（后衣片的半片）向侧面方向拉回，保证后片中心折线与新前中心折线的底摆处重合，由此形成新后中心线的丝道也因此产生偏斜，然后将小襟重新搭叠回来（图4-31）。

步骤十一，确认小襟与大襟的搭叠量，保证小襟在前中心处长出大襟1厘米。按尺寸画出领口的弧线，然后按比例量出胸、腰、臀、袖肥的尺寸点，连接各点画顺侧缝曲线（图4-32）。

四、立体收腰

当代对于女装造型的设计思考通常集中在胸腰曲线的塑造，在西方裁剪方法训练中有专门针对胸腰造型的“省道转换”练习。但一片布塑造立体造型时最难的部分则在于腰臀曲线的表现，这也是在旗袍造型发展过程中，旗袍后片腰臀曲线的表达出现相对较晚的原因之一。尽管表现后背曲线的原理与前衣片表现胸腰曲线是一致的——为了达到凸起与收进的效果，将多余的布料归紧，将不足的布料拔开。但由于人体（尤其是女人体）后侧的腰、臀围度差很大，所以在当年手工艺人思考旗袍背部曲线造型时，又巧妙地运用增加前片臀围量的方法来缓解后片因腰臀差过大而难以“消化”的压力，这种方法不仅可以达到裁片中前后片侧缝弧线的一致，还可以保证衣身松量的均衡。《生活名物史话》中曾描写1935年的旗袍：“不过袖口却愈缩愈短，由肘上缩到上臂半露，再缩到肩下二三寸，同时腰身愈来愈窄，有的窄到要吸口气才能扣上纽

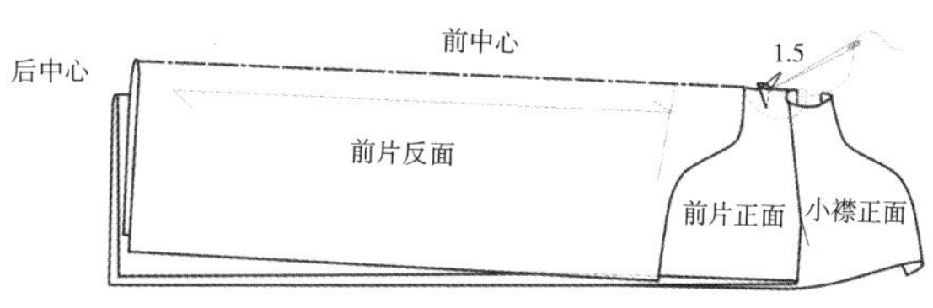

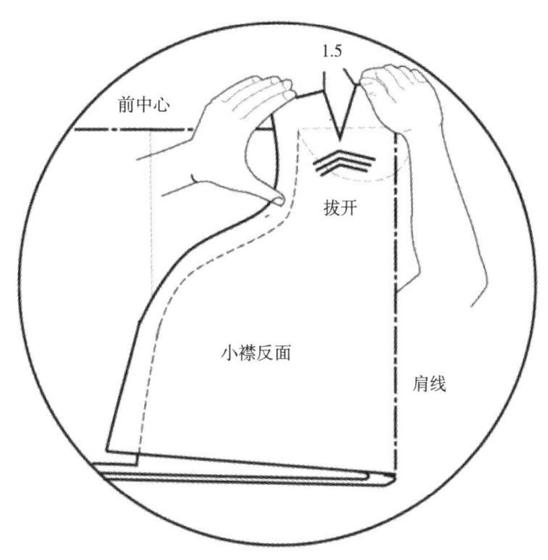

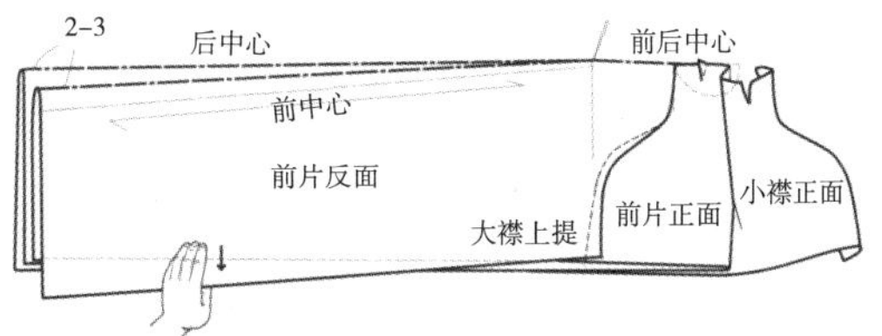

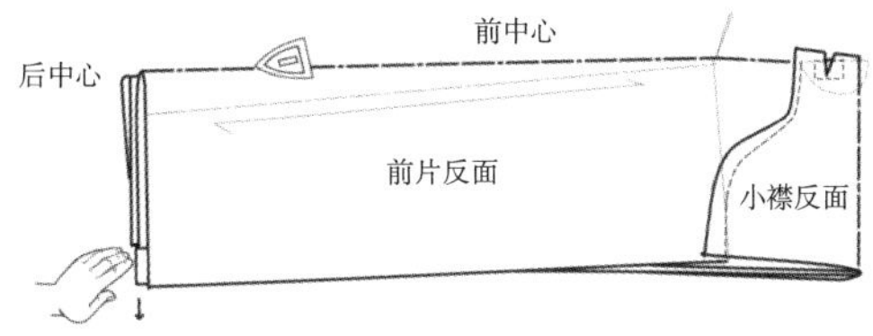

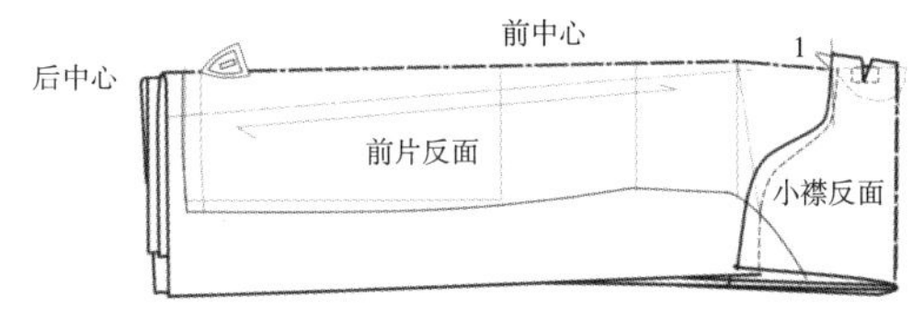

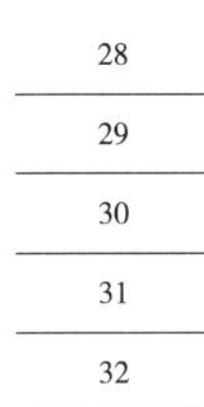

图4-28　凸显胸形步骤七示意图（单位：厘米）

图4-29　凸显胸形步骤八示意图（单位：厘米）

图4-30　凸显胸形步骤九示意图（单位：厘米）

图4-31　凸显胸形步骤十示意图

图4-32　凸显胸形步骤十一示意图（单位：厘米）

扣[1]”。无独有偶，《良友》1935年4月刊的封面就刊登了一幅摩登妇女穿着“短袖、紧腰身”旗袍的照片（图4-33），除了袖长与腰身的尺度与书中描述完全吻合外，照片上还可以清晰地见到旗袍臀围处侧缝线有向后偏斜的现象，大体可以断定照片上的旗袍就是采用这种方法塑形的。这也是目前已知的从三维的角度收腰塑形的最有效的手法，也正是这种方法的出现才可以达到“腰身愈来愈窄”的效果。

步骤一，准备两个身长的布料，以幅宽中心线为折线，布料的正面在内侧、反面在外侧进行对折（图4-34）。

步骤二，上层布料的布边处沿布料长度二分之一处的分割线向上提起2厘米，同时保持该线与幅宽中心线折线交叉处不提起。布料的幅宽中心线因此形成一定角度的偏斜，即旗袍衣身的前后中心线丝道产生一定角度的偏斜。将底层布料长度二分之一处的折线设定为第一折线，上层被提起的折线设定为第二折线（图4-35）。

步骤三，沿第一折线、第二折线将布料对折（图4-36）。

步骤四，对齐新的前后中心线，上两层将作为旗袍的前片，下两层是后片（图4-37）。

步骤五，在已经折叠好的布料上按照比例画出大襟的弧线（图4-38）。

步骤六，沿衣襟的弧线自布边向折边前中心处剪开最上面一层布料（前衣片左侧），自剪开的前衣襟领口处向上沿前中心剪至肩线折叠处，并打开铺平上面的小襟布片（图4-39）。

步骤七，小襟领口前中心处打剪口，用手或熨斗将打剪口处的布料拔开一定的量（图4-40）。

步骤八，将小襟按第一折线的位置搭叠回来，此时旗袍的大小襟已经形成一定的搭叠量。通常情况下，前中心处搭叠约0.8厘米，衣身侧缝处搭叠约3厘米（图4-41）。

图4-33　呈现出优美后背曲线的旗袍

（图片来源：《良友》第一〇四期，1935年4月：封面）

[1] 俞松年，茅家义，等. 生活名物史话[M]. 上海：上海人民出版社，1988：20.

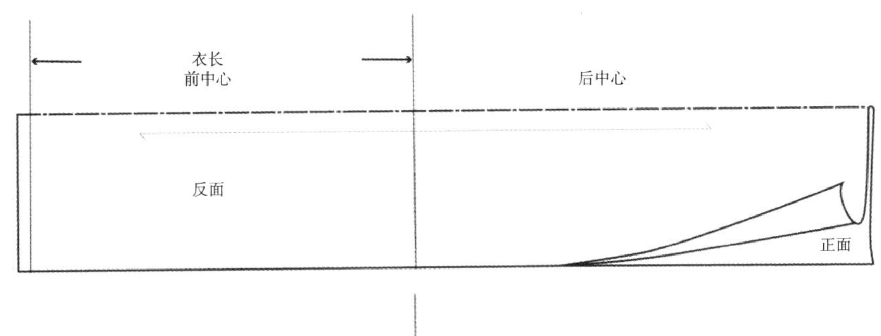

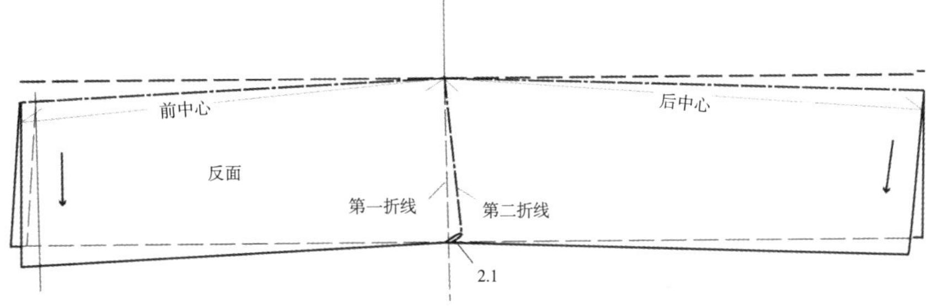

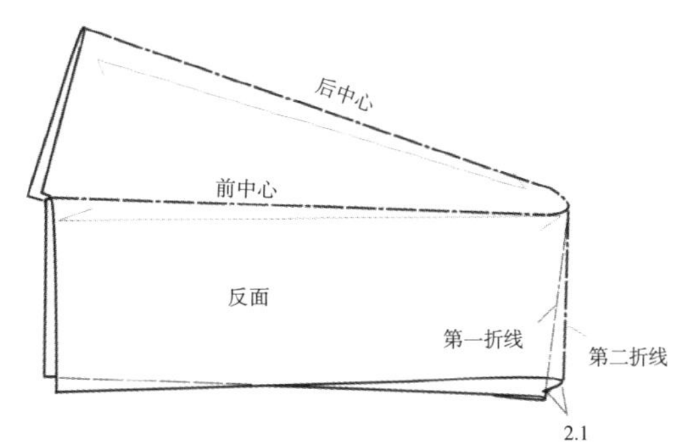

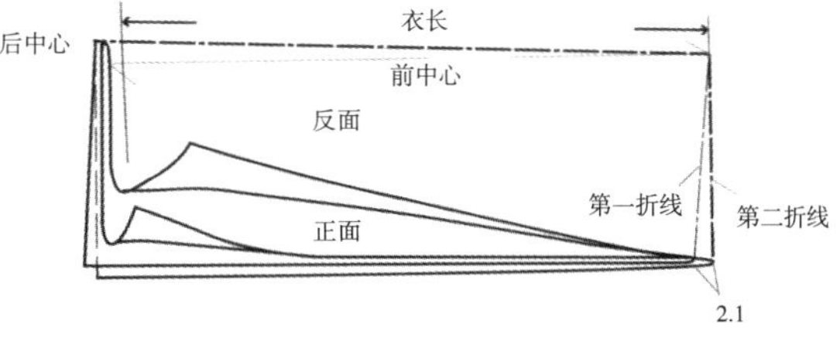

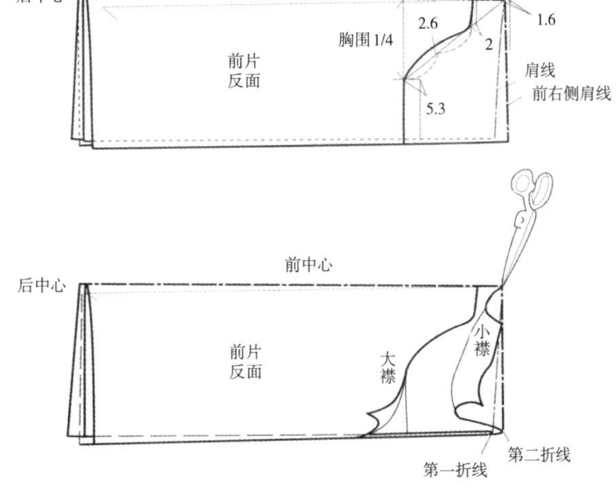

34

35

36

37

38

39

图4-34　立体收腰步骤一示意图

图4-35　立体收腰步骤二示意图（单位：厘米）

图4-36　立体收腰步骤三示意图（单位：厘米）

图4-37　立体收腰步骤四示意图（单位：厘米）

图4-38　立体收腰步骤五示意图（单位：厘米）

图4-39　立体收腰步骤六示意图

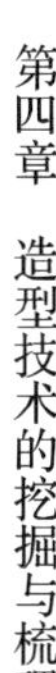

步骤九，找到前片布料前中心自领口到胸围线的1/2处，对折起0.5厘米（即一共1厘米）的量。找到前片衣料侧缝腋下的位置，将此处对折起1厘米（即一共2厘米，此处的折起量依着装者的胸围量大小而定）的量。按照比例量出胸、腰、臀、袖肥的尺寸。然后调整前后片腰、臀尺寸：后片1/2腰围量小于前片1.3厘米、后片1/2中臀围小于前片1厘米、后片1/2臀围小于前片0.3厘米。最后连接各点画顺侧缝曲线（图4–42）。

步骤十，毛裁衣片并展开铺平，归紧前衣片侧缝2厘米的胸量保证前后侧缝尺寸一致。归紧臀围侧缝处的弧线并拔开腰围侧缝处的弧线（图4–43）。

五、四种方法的继承与创新

针对20世纪20~30年代旗袍造型发展的三个阶段中所产生的四类造型，通过技术的探究，最终梳理出可以实现这四类造型的技术方法，上面叙述的四种技术手段未必是塑造这四类造型的唯一方法，但确实是已知的有效手段。这四种方法不仅成功地解决了前文提到的“一片布料剪开之后缝隙处欠缺的量要怎样凭空补齐、并且还要多出搭叠的量”的难题，还进一步创造性地向“运用二维的布料塑造三维造型”的方向迈出了一大步。既是传统制衣思想的延续，又“异想天开”地发展了传统，其中蕴含的智慧具有鲜明的“中国特色”。

第一，从解决大小襟搭叠量，到出现肩斜度并收紧侧缝处的腰身，到表现出前片胸部凸起的弧线，再到综合立体收腰表达前后胸腰臀弧线，这四种方法表现出逐层包含、由简至难、一步步深入的递进关系。这也从技术层面上对应了当时旗袍发展从直线到曲线、从二维弧线到三维弧线的演进过程（图4–44）。

其中，前两种方法反映的是由宽松到合体、由直线到曲线的过渡。虽然这两种方法也可以适度地收紧腰身，但都没有凸胸的技术手段呈现。也就是说，从侧缝收紧腰围尺寸呈现出腰身弧线的目的主要是体现腰身的弧线，而不是为了塑胸。事实上在一段时期内，束胸与收腰是同时存在的，这一观点不仅在此前的图像分析阶段得以印证，也在《旗丽时代》的论述中得到证实[1]。真正有明确的凸胸意识与技术手段是

[1] 参见《旗丽时代》第44页：虽然衣服日趋“紧窄”，但其身体曲线意识，却是强调“平胸美学”……一直到1960~1970年代，在台湾云林元长乡的乡下，在服装穿着的习惯上，仍有束胸的习惯，服装裁剪重视的是腰身而非胸部。

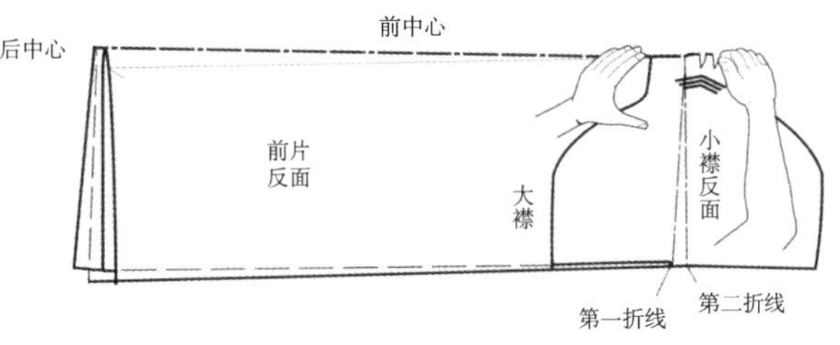

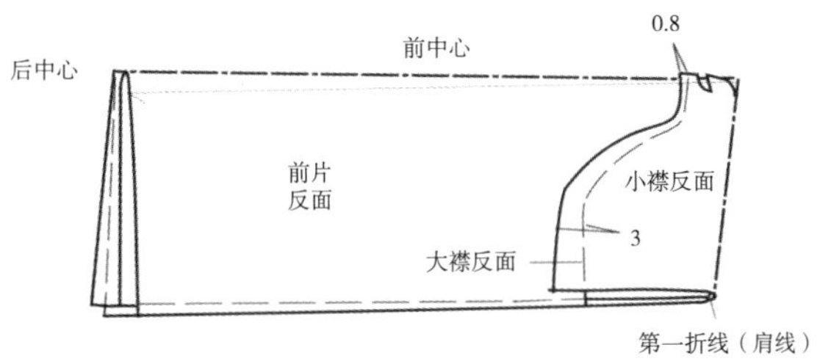

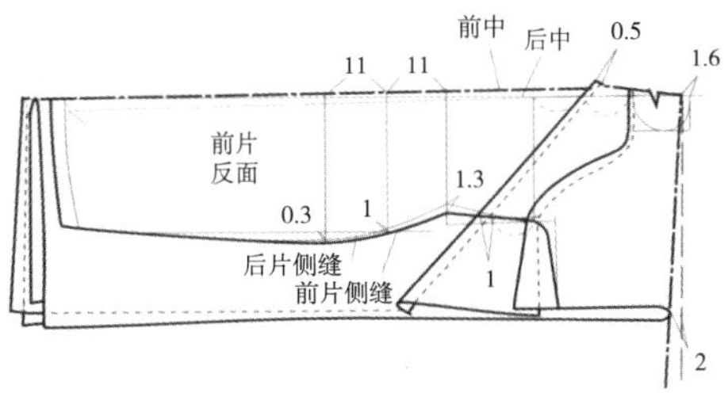

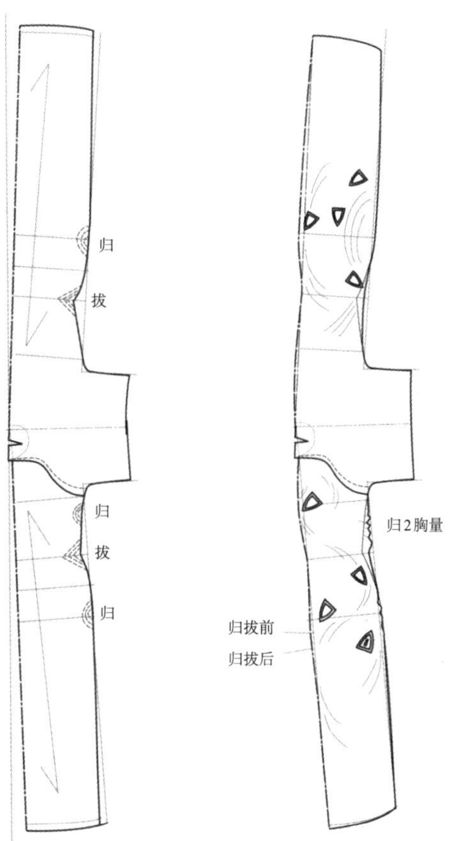

40
41
42
43

图4-40　立体收腰步骤七示意图

图4-41　立体收腰步骤八示意图（单位：厘米）

图4-42　立体收腰步骤九示意图（单位：厘米）

图4-43　立体收腰步骤十示意图

从方法三开始的，随着在二维的面料上塑造胸、腰、臀曲线技术手法的成熟，中国服装从技术到审美都全面进入“三维时代”。

第二，以这四种方法为代表的20世纪20~30年代旗袍造型手法充分体现了手工艺人的造型智慧。尤其是发展到第四种方法时，作为前三个造型手法的“升级版”，运用的手段更加综合立体，除了通过改变丝道、辅助归拔的手法之外，还运用“臀围量前后片互借”的方法满足胸腰臀曲线的塑造需求，这种方法依然是传统的平面造型思维，但里面已经暗含了立体的结构表达，在美国大都会博物馆公布的馆藏旗袍图片中可以直观地感受到两种造型手法的区别。图4-45右侧旗袍没有采用第四种方法的技术手段，后背呈现直线造型，左侧旗袍则是典型的第四种技术方法的产物，后背的曲线表现得清晰流畅。这种面对旗袍后片腰、臀围度差过大从前片寻求解决办法的思路，显然是将服装当作一个整体来统筹谋划布局，这更像是中医“问病求源”的思考方式，与西方“哪痛医哪”的方法有着本质上的差异。

第三，现代的“丝道”概念是西式裁剪技术提出的，在现在通用的西式裁剪方法的基础板型上，前后衣片、袖子等服装部件丝道的直顺都是一个保证造型规范准确的前提与基础[1]。但上面梳理的当年制作旗袍造型的四个方法之中，只有方法一的丝道是接近西式裁剪规则的

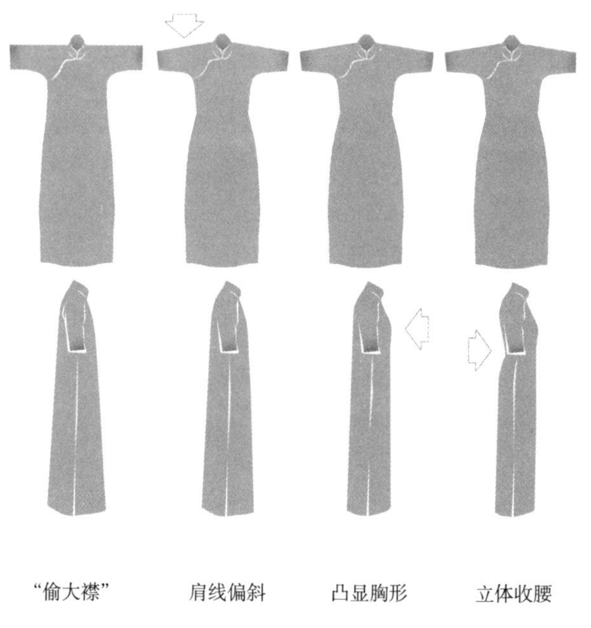

图4-44　四种方法造型比较图

（图片来源：作者制作）

[1] 中国传统服饰观念中，对于面料的丝道的性能同样有着独到的运用。汉代深衣的结构图中，袖子部分造型对于面料斜向丝道的运用极具创造力。但这与西方裁剪技术中丝道的概念并不相同，因此此处讨论的丝道特指西式技术中的丝道概念。

（肩线接近正横向丝道，前中心是正直向丝道，后中心接近直丝），后三种方法由于采用偷大襟与肩线偏斜的手法而必然导致前、后衣片丝道的变化，所以后三种方法中衣片前后中心的丝道都产生些许倾斜而不是直丝。这种忽略了“直丝思维”的服装造型手法显然是西方服装裁剪技术中不提倡，甚至比较否定的，可见旗袍的几种造型手段是在中国传统思考体系里寻求到的突破，思考方法是“非西方”的。不过，中国传统的制衣手段中也是非常重视“丝道”的运用，并精于布料的直向与斜向丝道的协调，例如，在制作传统服装时遇到斜丝的衣边就用直丝的贴边来拼合，这样可以借用直丝来固定衣襟的斜向丝道，用以防止拔开变形。那么，当时的旗袍造型中出现的丝道稍许偏斜的状况是为整体考虑而不得已为之，还是另有方法可以将丝道调整呢？这个问题有待以后继续深入研究。

第四，在四种方法中，偷大襟技术是几种方法的基础，制作旗袍的手工艺人充分利用了服装面料的物理性能，巧妙地化解了旗袍大小衣襟搭叠量的难题。不过偷大襟的方法也对制作者的经验与技术水准提出了更高的要求（图4-46），领口归拔的难点在于经验的积累与技

45 | 46

图4-45　旗袍后背造型对比图
（图片来源：http://www.metmuseum.org）

图4-46　旗袍衣片归拔部位图
（图片来源：朱小珊绘制）

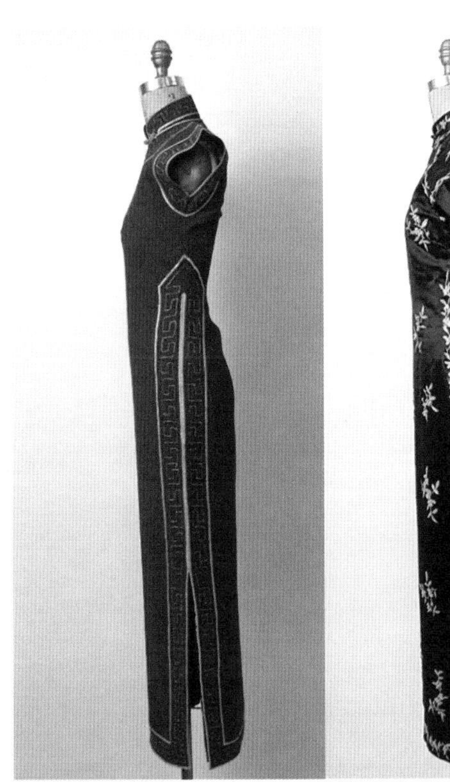

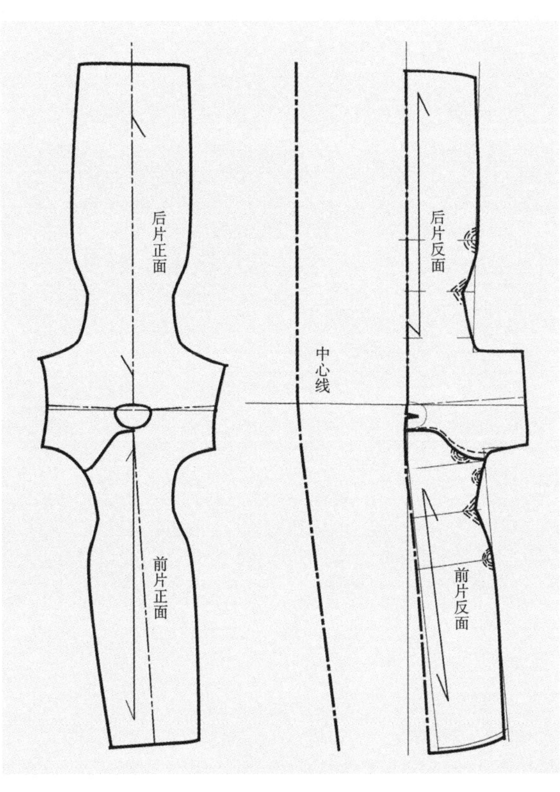

艺的精练程度，如果处理不好容易造成旗袍的领子不正，以及大身衣襟歪斜。当时的手工艺人坚持从领子开始寻求答案的现象，是否说明中国传统服装观念具有“结构的变化围绕着领子与袖窿展开”这样的思考特点呢？另外，从衣片的形态上看，领子部位也是传统服装运用一片布造型的绝对中心。可见无论从物质性、还是精神性上看，领子部位都在服装中占有重要的地位，这是一个非常值得继续深入研究的命题。

第四节　材料、技术对旗袍发展的促进

《中国历代服装、染织、刺绣词典》上收录的纺织材料有锦、绰丝、绮、纺、绉、罗、纱、绸、缎、绫、绢、绒、布、毡、毯15大类共六百余个词条。中国传统的印、染、织、绣技艺极为丰富庞杂，在几千年的发展中形成了相对稳定、自成体系的庞大系统。但辛亥革命后，社会的巨变致使人们生活方式发生了相应的变化，都市中大量女性走出家庭的小圈子进入社会，对于女性服装的功能要求也因此发生了颠覆性的改变。“过去被囚禁在家庭的牢笼里，过着封建时代的缓慢生活的妇女们，她们是有太多的时间，可花费在制裁衣服和穿着衣服上，用长年累月的光阴，在衣服上描龙绣风，用一两小时的时光，在小衣上套袄着裙，而打扮成一个穿着几件袄子、两条长裙的走路不露鞋的小姐……现在我们是要投身到急剧行进的社会里去迎接大时代的风暴……要求将衣服简单化、轻便化。[1]”显然，面对着“时代的大风暴”，传统的织、绣等需要大量手工制作工时才能完成的服装手工艺开始难以适应社会的快节奏与工业化的发展趋势。

欧洲的工业革命极大地促进了社会生产力的发展，资本主义经济在欧美突飞猛进。美国人埃利亚斯·豪（Elias Haue）在1846年发明了缝纫机，英国人威廉·亨利·珀金（William Henry Perkin）在1856年发明了合成染料，美国人H.W.西利（H.W. Celia）在1882年获得电熨斗专利，法国人夏尔多内（Hilaire de Chardonnet）在1884年发明了人造纤维，发明家惠特科姆·贾德森（Judson Whitcomb）在1895年将拉

❶ 行子. 谈谈时装 [J]. 妇女，1948，2(10).

链投放市场，纽约“Eldec”公司在1926年推出了第一个蒸汽熨斗……这些工业文明的成果相继传入远在东方的中国，并对正在变革中的旗袍产生了重要的影响。

一、新面料

在中国社会面临着复杂变革的特殊时代背景下，新的生活方式对服装提出了全新的要求，吸收当时处于领先地位的外来技术成为一种强烈的渴望，弃旧迎新成为社会发展的一种必然。“1850年上海开埠不久，中国就出现了第一个洋布专卖店——同春号，‘凡物之极贵重者皆曰洋……衣有洋绉……帽有洋筒’。其中的洋绉是上好的羽绉，在当时可谓奇货可居，最为抢手。❶”不过，在半殖民地半封建的社会环境中所有洋货一股脑地涌入中国，这些进入中国的洋货也是鱼龙混杂、良莠不齐，“据1898年经济史资料介绍，中国纺织市场遭受日本冲击最大，濒临破产。当时日本的纺织品模仿西式，不仅质量高，而且价格低……洋纱、洋布的倾销日盛一日，加速了手工业与农业的分离，也促使人们在衣着方面力求洋化。先进生产方式、近代文明的传播使中国社会普遍产生了‘崇洋’的风气。著名历史学家陈振江教授说：‘这是一个复杂的社会现象，但在近代社会的早期，它却有积极、合理的因素。’❷”的确，这些充满着浓郁殖民色彩的文化技术与机器材料对于当时中国服装产业的促进作用是无可否认的。“《中国近代纺织史》指出，中国手工毛纺织不太发达，与国外相比，毛纺织技术、产品质量与品种差距很大，于是大量洋呢涌入。近代纺织手工业首先在毛纺织领域发端……但所生产的织物多系模仿国外进口的洋呢，致使所生产的毛织物的名称都为外语的音译，如麦尔登（Melton）、哔叽（Beige、Serge）、轧别丁（Gabardine）、法兰绒（Flannel）、板司呢（Basket）、凡立丁（Valitin）、海力蒙（Herringbone）、派立司（Palacee）、驼丝锦（Doeskin）等。❸”这些名字很“洋气”的新材料在当时受都市市民的喜爱程度不言而喻。1934年《时报》的文章中曾对这些舶来品进行分析：“哔叽，是毛纺的衣料，性挺直，无光泽，质较厚重，以前只有舶来品独霸市场，每年漏卮，不可胜数。现在国产出品，日渐进步，诚挽回

❶ 何德骞. 服饰与考证[M]. 北京：中国时代经济出版社，2010：52.

❷ 同❶：52-53.

❸ 陈万丰. 中国红帮裁缝发展史：上海卷[M]. 上海：东华大学出版社，2007：87.

利权之一途也。哔叽制西装最佳，中式衣服亦见妙处，盖其平挺不皱，匀净无光泽，俨然一副正经面容也。男子及好素女子都喜欢穿它。它不像软缎那样有‘神秘性’，他有‘君子’的风度，你可以看见一个半老徐娘，穿了哔叽的旗袍，就格外严整可敬，它的风韵就越觉丰满了……❶”可见在当时的国际化大都市上海，服装材料的极大丰富已经促进了服装形态的迅速发展。《上海服装文化史》一书中有如下叙述：“由于布料的关系，上海的穿着因此具有先天的优势。这种优势不仅在于有中国本土的，也有外国的，而且各种最新的服装面料一旦出现，马上就会汇集到上海，这样为上海服装的发展奠定了基础，也为上海人穿着新的服装提供了很好的条件。❷”大量洋货的涌入导致当时服装材料的种类激增，不仅极大地丰富了服装的视觉肌理与触觉肌理，更加结实耐用的材料的广泛使用也加速了旗袍现代化演进的步伐（图4–47、图4–48）。这种情形发展到了20世纪30年代以后，服装材料已经进入一个异常丰富的阶段，不仅有大量的外来材料，本土的丝绸与棉布也在当时流行体系中占有一席之地。《时报》在30年代有文章提到：“衣料：最好用黑色，及其他颜色之软缎，还加白色软缎，或红色均可。❸”可见在洋布盛行时期里，传统丝绸同样也有一定的市场。“另外，穿着土布衣服，也是当时的一种时髦……穿用土布制作的旗袍，是一种与众不同的方法，那个时代很少有人这样做，生怕会被人认为土气，其实物极必反，土布做旗袍是其他人所无法想到的事情，也会穿出意想不到的效果。❹”

二、新服饰品

在20世纪20年代初期的杂志《红》中经常刊载描述当时时髦装束的诗歌。腊鹃的《时髦妇女五更调》中写道：“二更二点月色好，打扮时髦，呀呀得而会，夹着书包，假装学生路上跑，样子俏，缎子裤呀，不到一尺高，呀呀得而会，丝袜脚上套……四更四点月转西，皮鞋高底，呀呀得而会，外披大衣，女人竟有男人气……碰着人呀，脚步慢慢移，呀呀得而会，还要笑眯眯。❺”这段对于穿着当时的“流行

❶ 佚名. 旗袍的沿革 [J]. 时报(服装特刊)，1934.
❷ 徐华龙. 上海服装文化史 [M]. 上海：东方出版中心，2010：205.
❸ 佚名. 旗袍的沿革 [J]. 时报(服装特刊)，1934.
❹ 同❷：205–206.
❺ 张竞琼，钟铉. 浮世衣潮之评论卷 [M]. 北京：中国纺织出版社，2007：22–23.

47 | 48

图4-47 运用流行时装面料制作的旗袍

（图片来源：《良友》第七十二期，1932年：封面）

图4-48 皮鞋与旗袍是当时最摩登的搭配

（图片来源：*Shanghai Girl Gets All Dressed*, Beverley Jackson, Ten Speed Press, 2005: 2）

单品”丝袜、皮鞋的时髦女孩的描写生动活泼、惟妙惟肖。关于丝袜、皮鞋这两件舶来品的描述还出现在署名菊芬的诗作《时装女子》中："沪江女子惯时装，懒把珠钿贴鬓旁……裤脚高悬不畏寒，好留丝袜待人看，六寸天然足，六寸天然足，高跟鞋履步姗姗。缃裙短短乘风斜，雪白书包不染暇，文明装束好，文明装束好，满城开遍自由花。[❶]”可见，当时从西方传来的丝袜与皮鞋是流行的“文明装束”的重要组成部分，也成为西方自由思想在服装上的体现。当然，诗歌中也提到了当时的时髦女孩为了美丽而必须付出“不畏寒”的代价。在1933年的《新上海》上就有文章犀利地讽刺这种行为，文章名字就一针见血——《着丝袜是吃外国屁》："尤其可笑地，冬天极冷的时候，女人身上穿着皮大衣皮领围，还不住地说冷，独独对于这一双脚，好像不是她身体上的肢体，和它有不共戴天之仇的一般，依然还是一双极薄的丝袜，任它冻着。[❷]”尽管如此，丝袜、皮鞋这些西式服饰品还是在中国服装发展中起到了积极作用的。“西式高跟鞋随着天足一代的上海女性长大成人，得到越来越多的使用，高跟鞋与烫发、旗袍的组合成为摩登女郎的基本装扮格式。鞋跟的高度和形状变化多样，鞋面多用羊皮、牛皮和猪皮制成的光面皮或者漆皮，通过镂空、贴花、拼接、线迹构成纹饰，有圆口、一字襻、丁字襻等多种形式，颜色以黑、白为主，另有棕色、米色等各种彩色变化，还有拼色皮鞋。[❸]”“连带西洋的长筒丝袜也都流行。透明肉色丝袜，着了等于没着，好像裸露了脚腿般。为了炫耀高跟鞋和长筒丝袜之美，裙子和裤子就要短起来，以暴露腿和

❶ 张竞琼，钟铉. 浮世衣潮之评论卷 [M]. 北京：中国纺织出版社，2007：22.

❷ 漱六山房. 着丝袜是吃外国屁 [J]. 新上海，1933(4).

❸ 卞向阳. 中国近代海派服装史 [M]. 上海：东华大学出版社，2014：319.

脚……[1]”《红》刊载的两首诗歌描述的是1922~1923年上海的流行情形，随着20年代后期现代旗袍的形成与发展，丝袜与皮鞋也开始成为与旗袍共同穿着的“标配”，对于旗袍的流行发展起到了很大的促进作用。

1934年的《时代漫画》上刊载了一个称为“春装的估价”的图表，罗列了当时“摩登女子”春季全套流行着装的类别与费用，“深黄色纹皮鞋一双、雪牙色蚕丝袜一双、奶罩一只、卫生裤一件、吊袜带一副、扎缦绉夹袍一件、春季短大衣一件、白鸡牌手套一副、面友（Face Friend）一瓶、胭脂一盒、可的牌（Coty）粉一匣、唇膏一匣、皮包一只、电烫发、铅笔一支、蜜一瓶，共计上海通用银元（圆）五十二元另五分。[2]”除了丝袜、皮鞋之外，奶罩、卫生裤、吊袜带、手套、唇膏等服饰品与化妆品也都来自国外，电烫发的样式也与当时欧美的流行相同步。大量舶来的服饰品进入当时都市时髦妇女的生活，也在逐渐地改变着人们的着装观念，进而潜移默化地影响了旗袍的流行。

蕾丝的传入也极大地促进了旗袍的发展，在旗袍迁演史上留下了重要的痕迹，当年的蕾丝花边，既成为旗袍衣缘的主要装饰品形成了流行风潮（图4-49），又可以作为旗袍衬裙的装饰物搭配穿着（图4-50）。此外，拉链、按扣、蕾丝等服装辅料的引进与广泛使用，也反映了旗袍由重装饰向重功能的发展趋势，在当年的旗袍流行中对于旗袍形态的简化起到了非常积极的推进作用。

49 | 50

图4-49 装饰有蕾丝边的旗袍

（图片来源：“影后胡蝶”图像展，温哥华美术馆亚洲馆主办，2017年8月）

图4-50 衬裙上饰有蕾丝边的旗袍

（图片来源：http://image.baidu.com）

[1] 吴昊. 中国妇女服饰与身体革命[M]. 上海：东方出版中心，2008：131.

[2] 费志仁. 摩登条件[J]. 时代漫画，1934：19.

三、新技术与新机械

1935年年底，阴丹士林品牌发布了一款1936年历广告，广告画的内容是布店里一位穿着入时旗袍的妇女正在柜台前与店员对话。店员问道："很奇怪！何以顾客只选购每码布边有金印晴雨商标印记的'阴丹士林'色布，而不买其他各种色布，王夫人要否试试别种花布呢？"王夫人回答："不！不！我只信仰'阴丹士林'色布，因为我自小学生时代即已采用，确乎炎日暴晒及经久皂洗颜色绝对不变，不愧是世上驰誉最久的不褪色布。"这个"晴雨商标"的阴丹士林色布的广告宣传无疑是成功的，在那个时代，阴丹士林布已经成为一种时髦与品质感的代名词。"阴丹士林"是"Indanthrene"的音译，原是一种有机合成染料。用阴丹士林染色的布料由于具有不褪色的超强实用功能而在民国时期广为流行，阴丹士林布有蓝、绿、红、棕、黑等七种主要颜色，其中又以蓝色最广为人知，其原因之一是当时的学生校服大多选用"阴丹士林蓝"。"颜色最为鲜艳、炎日暴晒不退（褪）色、经久皂洗不退（褪）色、颜色永不消减不致枉费金钱"，这是月份牌上的阴丹士林布广告语。在化学染料刚刚进入中国的时代里，阴丹士林布料凭借着化学染色相对于中国传统的天然染色而言更加突出的耐水洗、耐日晒等固色效果而风靡一时（图4-51、图4-52）。

和运用化学染色制作的阴丹士林布一起来到中国的还有印花洋布。工业革命以来，批量化的机械生产促使印花面料广为流行，印花技术显然较传统的织花、绣花手法更加便于批量生产，图案的题材

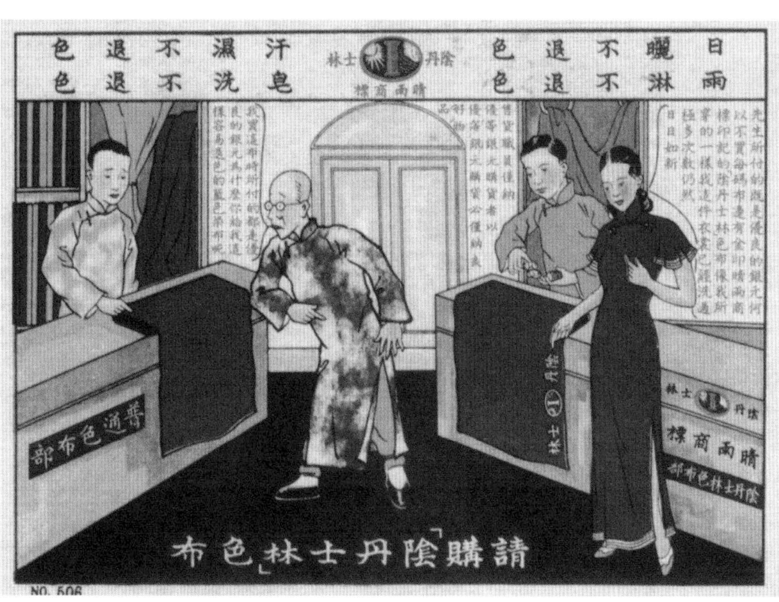

51 | 52

图4-51　阴丹士林布料广告画
（图片来源：《中国近代广告文化》，赵琛著，吉林科技出版社，2001年：191）

图4-52　阴丹士林布料广告画
（图片来源：《中国近代广告文化》，赵琛著，吉林科技出版社，2001年：227）

与内容也更加自由随意。自19世纪中叶以来，印花的风格开始密切地紧随当时的艺术思潮，成为最快最有效地将艺术思潮与时尚流行结合起来的重要媒介，这股风潮也迅速地刮到了正在除旧布新的中国。当时曾经流传这样一个民谣："印花洋布制精奇，颜色鲜明价又底（低）。可惜一冬穿未罢，浑身如蒜拌茄泥。❶"可见"新奇、颜色鲜明、价低"是印花洋布的三大法宝。尽管当年的西方印花洋布并不够结实耐用，但鲜艳的颜色与低廉的价格契合了当时都市妇女求新求异的消费心理。印花面料在当时作为新潮的服装面料被大量用来制作流行旗袍。丰富的印花面料介入旗袍流行之中，在简化了传统服装装饰工艺的同时，也将西方的艺术运动风格带入中国，并走进人们的日常生活，对旗袍的审美发展产生了很大的影响。1936年《玲珑》上刊载的文章《最新式的旗袍式样》中就描述了这样的审美趋向："有不少摩登小姐，都喜欢洋太太们所穿的印花布。这种花纹，是精细底而非粗枝大叶底，颜色一律是白底而加印上淡红的、淡黄的、淡蓝的花纹。❷"同时，印花面料的图案在旗袍衣片上呈现出来的完整性也为当时制作旗袍的手工艺人提出了新的问题，当时他们执着地坚持前中心不破缝、不收腰省，是否也是为了不破坏印花图案的完整形态呢？

"缝纫机，早年叫铁车、洋机、针车等名……1866年5月，广州一家报纸刊登了一篇介绍缝纫机的文字和插图，指出'按此器能挑缝衣服，手中各物，快捷异常，计每日作服，可能当女工之十'。不久，晋隆、华泰等外国洋行开始运来缝纫机在上海市场销售，虽然数量很少，却给国人开了眼界。1872年12月14日，《申报》登了一则晋隆洋行'成衣机器出售'启示：'新到外国缝纫机器数辆，每辆洋价五十两，欲购请来本行接洽。'❸"美国胜家公司自19世纪末开始在上海南京路设店销售缝纫机，"民族实业家沈玉山等3人于1919年开设协昌铁车铺，后改为协昌缝纫机器公司，仍以修配为主，将组装的缝纫机定名为'无敌牌'，与洋货抗衡。不久服装行业提倡服装改革，由手工制作的中式服装改为由缝纫机制作的西式服装，因此市场上缝纫机的销量大增。规模较大的有民国十七年（1928年）开办的胜美缝纫机制造厂。国产组

❶ 李家瑞. 北平风俗类征 [M]. 北京：商务印书馆，1937：242.
❷ 佚名. 最新式的旗袍式样 [J]. 玲珑，1936(257)：129.
❸ 陈万丰. 中国红帮裁缝发展史：上海卷 [M]. 上海：东华大学出版社，2007：94.

装的缝纫机价格较国外低，市场销路好。[1]”尽管当时中国没有马上进入使用缝纫机流水线批量生产的阶段，但西方缝制机器的介入使得中国服装制作从传统的手工操作过渡到半手工、半机械的状态，在提高制作效率以及丰富制作工艺等方面发挥了积极的作用。“能制百样中西衣服，心意所及，均可立时告成，且其成件之精细坚固，尤胜手工万倍。”这是民国时期的缝纫机宣传语，其省时省力且保证精良的优势可见一斑。西方的新机械与技术的出现加速了旗袍由传统的家庭手工生产转向产业化的进程，极大地提升了制作效率、降低了制作成本，并丰富了旗袍的表现形式。

四、西方裁剪与缝制技艺

辛亥革命以来，随着社会变革的加剧与生活方式的变化，服装行业也面临着深刻的变革。传统手工艺人的自我更新与西方技术的传入促使当时的裁缝群体进一步细分，逐渐形成了区分服装类别与技术的“三帮、五派”。三帮即红帮、本帮、大帮，其中红帮专做西服与时装，本帮专做中式服装，大帮专做布类制服。在这三帮中，专做西服的红帮裁缝是完全凭借着聪慧与勤劳，从无到有地在实践中学习了西方裁剪与缝制技艺的。“这些裁缝拎了包裹到外轮上兜接加工洋服生意，当时称谓‘拎包裁缝’（也称‘落河师傅’）……在修补过程中，师傅们又借助国外流入的西装样本，学习各部位的裁剪和拼接方法，分析面子、里衬和垫肩的制作诀窍。久而久之，掌握了西装缝制的步骤和工艺。这是一场服装工具革命和生产方式的转变。在这场革命旗开得胜之际，他们又凑钱购买从美国进口的胜家牌缝纫机。同时，用夜壶熨斗替代敞口熨斗，用软尺、弯尺替代直尺，使用手柄厚实，口部尖长锋利的剪刀，工具的弃旧换新，开始半机械化作业，为服装业的加工注入活力，跃上了一个新的台阶。[2]”在《中国红帮裁缝发展史：上海卷》一书中还记述了当时红帮裁缝的技术标准：“推门时‘推、归、拔’工艺运用要恰到好处。经过推门的衣片应是：中腰丝流（包括胸省）略向前呈弹形，吸势自然，大身丝流微弹顺直，外肩翘势适宜，胸省尖无泡影，横直丝流归正，胸部胖势园（圆）顺、灵活、自

[1] 卞向阳. 中国近代海派服装史 [M]. 上海：东华大学出版社，2014：359.

[2] 陈万丰. 中国红帮裁缝发展史：上海卷 [M]. 上海：东华大学出版社，2007：20–22.

然，大小高低完全与胸衬吻合，左右衣片一致；推门后必须将衣片完全冷却。❶”推、归、拔这些西式裁剪方法中的代表性手法，突出地体现了西方服装造型的“塑形”观念，这对于中式传统服装的现代化改良产生了深刻的影响，也成为旗袍造型现代化迁演过程中最为关键的技术支撑。

“‘本帮’中有名的是苏广成衣，是专门代客加工各种来料，缝制‘苏’式和‘广’式等中式男女服装。稍有名气的，加上某某记的店号，老板雇佣两三个裁缝，慢则五天，快则两天，就能把一块布料做成长衫或旗袍。❷”本帮裁缝的群体数量与生产规模在民国时期得到了极大的发展壮大，“1933年，上海有成衣铺2000家，连同个体裁缝多达4万余人。鼎盛时期曾经多达6000家。成衣铺大多是家庭作坊形式，主要缝制长袍、马褂、短袄、衫裤、旗袍、马甲等男女中式服装……中式裁缝特别重视其旗袍和女式衫袄等女装的制作，一般会根据客户要求，依据式样和布料，运用镶、嵌、滚（绲）、宕、绣、盘、缕、雕等传统装饰工艺进行制作。❸”

红帮与本帮、西式服装与中式服装看似是两个完全独立的技术体系，但在民国时期却都对旗袍发展起到了重要的推进作用。在《中国近现代海派服装史》一书中有如下描述：“进入民国时期以后，西式女装在上海人中逐步流行，时装业也有很大发展……当时上海的时装业主要经营西式女装，后也致力于改良旗袍，并创造出很多中西合璧的新式样。强调‘加工足料，永不走样’，重视量（量尺寸）、裁（裁剪）、试（试样）、缝（缝制）、验（检验）五大环节。在量尺寸时注意顾客的体型特征，常在订单上绘有草图和文字说明。在缝制工艺上采用扳、串、甩、撬、扎、包、钩等技术，边做边烫。烫不仅是为平直衣料，而且也是一个造型过程，经过推、归、拔，将衣片烫成吸势或胖势，业内称为‘三分做工，七分烫工’，使得做成的时装符合顾客的体型。❹”

在旗袍的造型由松到紧、由直线到曲线的演变过程中，裁缝师傅们在坚持传统一片布造型手法的同时，大量吸收、消化西方的技术手

❶ 陈万丰. 中国红帮裁缝发展史：上海卷 [M]. 上海：东华大学出版社，2007：54.

❷ 同❶：50.

❸ 卞向阳. 中国近代海派服装史 [M]. 上海：东华大学出版社，2014：342.

❹ 同❸：344-345.

段，以推、归、拔等手法辅助一片布的立体塑形，进而推陈出新，造就了在世界服装史上独树一帜的民国旗袍。

五、由“拿来主义”产生的疑问

在英国维多利亚与艾伯特博物馆（V&A Museum）常设展的中国厅里，展有一件20世纪20年代的旗袍，立领、倒大袖、袍身呈A字直身形，从形态上判断属于旗袍出现初期阶段的典型造型（图4-53）。值得注意的是这件早期旗袍的开襟方式，虽然是采用了常规的右衽结构，但衣襟只开到臀围附近就缝合在一起了，臀围以下更像西方需要套头穿着的连衣裙的结构，这与中国传统袍的结构有着显著差别。类似的现象还有很多，新加坡博物馆出版的《旗袍的情调》中也有相同造型结构的旗袍图片（图4-54）。1928年的电影《情海重吻》中有一段换穿旗袍的情节，剧中女孩穿、脱的两件旗袍也都是同样的下摆缝合、套头穿着的结构。可见西方的服装观念、织造技术、服饰材料很早就已经对中国服装的发展产生了影响。自魏源提出“师夷长技以制夷”以来，很多有识之士都主张积极地向当时代表着“进步”的西方文化学习，思想哲学、政治体系要仿效西方，服装也要效仿西装。在《良友》上刊登的旗袍就有吸收了西式鱼尾裙结构的设计，这种直接嫁接在当时旗袍上的西方女装结构还有荷叶袖等。1934年第九十九期《良友》的封面明星是当时已经红透半边天的阮玲玉

53 | 54

图4-53　V&A博物馆中展览的旗袍

（图片来源：作者拍摄于V&A博物馆）

图4-54　传世照片中的倒大袖旗袍

（图片来源：*In The Mood For Cheongsam*, Lee ChorLin、Chung MayKhuen, Edition Didier Millet and Nation Museum of Singapore.2012: 12）

（图4–55），她穿着的这件配着蕾丝衬裙的大格子旗袍也随之成为旗袍流行史上的经典。从图片上看，这款有着柔和的曲线与温婉的气质，风格极具民国特色的旗袍使用的应该是西方“绱袖子”的技术。总之，尽管国人对当时大量涌入的外来事物褒贬不一，但从旗袍形态迁演过程来看，新材料、新技术对中国服装现代化进程的影响是正面的。正是当时制作旗袍的手工艺人积极地吸收洋思想、洋文化、洋材料、洋技术，兼容并包、洋为中用，才促使旗袍不断推陈出新。

不过有一个本质问题是不容忽视的：虽然以上诸多西式材料、技术极大地丰富了旗袍的形态、促进了旗袍的发展，但总体来看，当年的旗袍裁缝虽然对这些西方手段采取的是拿来主义的态度，但到了真正解决核心造型的问题时却并没有全盘“拿来”，而是借鉴了西式方法的同时，仍然坚持了传统的造型手段。

于是中国手工艺人的智慧在20世纪20~30年代的制衣领域展现出最为浓墨重彩的一笔：首先以归拔技术改变领口与袖窿处布料尺寸的手法，解决了旗袍大小襟搭门量不足的困扰，这项“偷大襟”的智慧堪称一两破千金的巧思。随后，随着审美与着装需求的变化，手工艺人又通过调整服装丝道等手法实现了在侧缝收腰的旗袍造型。随着着装观念的进一步发展，传统技艺面临的创新难度也在逐渐升级，最后手工艺人“固执地”在坚持着一片布的传统造型手法基础上，以调整丝道、归拔、借衣片等简单而巧妙的手法成功地塑造了三维立体的旗袍造型。在短短十几年的时间里，旗袍手工艺人们以最为质朴的传统造物观为依托，凭借着精湛的技艺与极具创造力的智慧，一步步突破固有模式，最终实现了中国传统服装

图4–55　肩部有分割线的旗袍

（图片来源：《良友》第九十九期，1934年12月1日：封面）

由松到紧，造型由平直到三维立体的现代化转变。

在感慨前辈们天马行空的创造力的同时，也会生成一个疑问：西方人已经拥有一套完整的塑造服装立体形态的体系，并且这套体系对当时的中国已经产生了一定的影响。当时很多制作旗袍的公司也同时制作西式女装，而且借鉴西方连衣裙、鱼尾裙等结构，使用西式绱肩袖等裁剪手法的事例都足以说明当时的旗袍手工艺人完全了解西式裁剪技术，并且也曾经在旗袍的制作工艺中使用过部分西式裁剪技术。相比而言，把全套西方裁剪方法拿来我用是更加便捷有效地解决问题的方法，但当时的中国裁缝为什么不直接“师夷长技”呢？在了解了西方用收省、破缝的方式塑造服装立体形的方法的前提下，当时中国的裁缝为什么还要艰难地从传统的一片布不收省、不破缝的老方法里找出路呢？他们坚持的是什么？

第五章

旗袍承载的传统基因

"设计作为文化的产物，历史上的每一项发明与创造都具有深厚的文化内涵，充满了人文主义的思想、精神与情怀，每一个细小的物品都传递着物质的需要、情感的因素和观念的诉求。时代在前进，过去的创造可能已经不适应今天的生活方式和生产方式，但其创造的本质、其思维方式和表达方式依然是需要我们认真研究的重要课题。[1]"经过对20世纪20~30年代旗袍造型与技艺的研究，如何继续深入探究其创造的本质与思维方式呢？林语堂在文章《西装的不合人性》中曾旗帜鲜明地表态："虽然西装已经风行于土耳其、埃及、印度、日本和中国，虽然西装已经成为全世界外交界的普遍服装，但我仍依恋着中国衣服。[2]"作为一位学贯中西的文学大家，他仍然力主坚持中国服饰传统，这在当年那个从政治经济到文化艺术都在"祛旧纳新"的时代里显得尤为难得。那么，他坚持中国传统的原因又是什么呢？或许他在《论西装》中的观点就是他的答案——"中装中服，暗中是与中国人之性格相合的。[3]"那么，在20世纪20~30年代旗袍中"暗合"的"中国人之性格"究竟是什么呢？

先回到那个思想交锋激烈、政治时局动荡的时代，社会的巨变动摇了千年来根深蒂固的传统。康有为在1898年上书《请断发易服改元折》中提出"易服"的观点："上法泰伯、主父、齐桓、魏文之英风。外取俄彼得、日明治之变法，并请皇帝带头……身先断发易服，诏天下同时断发，与民更始，令百官易服而朝，其小民一听其变，则举国尚武之风跃跃欲振，更新之气，光彻大新。"自鸦片战争以来，已经有国人开始从"世界中心"的幻想中回到现实，西方科学思想的传入开始加速有识之士思考中国的未来。然而，尽管早在《周易·系辞下传》中就已经阐述了"变则通、通则久"的道理，但在封建帝制尚未完全腐朽的时候，变法绝非易事，因此这场轰轰烈烈的断发易服变革也终于未能成功，中国服装的现代化之路仍然未知方向。1911年《申报》上发表的《服式刍议》充分体现了处在时代交叉路口的中国人对服装未来的迷惘："自古帝王易姓受命，必改朔易服，所以示革新之象也。今者大汉光复，发辫之物，在所必去，衣服之制，亦宜定式。国人深于习惯，本其旧见，每谓吾侪汉民，应复汉式，束发于顶，卧领

[1] 亨利·波卓斯基. 设计，人类的本性 [M]. 王芊，马晓飞，丁岩，译. 北京：中信出版社，2012：序.
[2] 林语堂. 西装的不合人性 [M]// 林语堂. 生活的艺术. 南京：江苏人民出版社，2014：234.
[3] 林语堂. 论西装 [M]// 林语堂. 林语堂精选集. 北京：北京燕山出版社，2006：252.

长袍，是其固制。若断其发，短其衣，则变夷矣。[1]”显然，到了20世纪初期对于“是否变”这个问题很多人已经给出了肯定的答案，但问题在于“如何变”。1918年，李大钊发文疾呼：“竭力以受西洋文明之特长，以济吾静止文明之穷。[2]”胡适是主张“全盘西化”的，他在次年发文表明态度：“对于习俗相传下来的制度风俗，要问：这种制度现在还有存在的价值吗？对于古代遗传下来的圣贤教训，要问：这句话今日还是不错吗？对于社会上糊涂公认的行为与信仰，都要问：大家公认的，就不会错了吗？大家这样做，我也该这样做吗？难道没有别样做法比这个更好、更有理、更有益吗？[3]”在新文化运动反对封建制与旧道德、大力倡导西方的民主与科学的同时，也有人提出“对于传统不要全盘否定、避免全盘西化”的观点。林语堂在《吾国与吾民》中曾谈道：“不过把中国妇女与欧美女子作比较，则中国摩登女性还是比较稳足而庄重，但在另一方面，她们比之西洋姊妹们似乎为缺少自动的和自立的精神。或许这种根性是存在于她们的血胤里面的。假令如是，一切不如任其自然，因为忠实保持固有民族之本来面目，亦足以伟大。[4]”综合诸多观点，似乎陈独秀在文章《新文化运动是什么》中的主张更加具有指导意义，“新文化运动要注重创造的精神。创造就是进化。世界上不断的进化只是不断地创造，离开创造就没有进化了……我们不仅对于旧文化不满足，对于西洋文化也要不满足才好；不满足才有创造的余地。[5]”

当年的旗袍就是在变与不变、变什么、不变什么的深刻思考与激烈讨论中一步步地开始了现代化演进。不管我们的传统保留多少，“西化”到底是不是应该全盘，至少传统的宽衣博带是肯定不适应当时的社会生活需求的。在面临由宽松到合体的变化时，西方人已经率先完成这项工作，欧洲11~12世纪的女装上出现了在侧缝与后片中心收出腰身形状的方法，到13世纪服装上已经有明确的用于强调胸腰臀曲线变化的省的形态了。中国与西方在面临由宽松到合体的转变时，都是先从侧缝位置表现腰部曲线开始的，但收腰的具体手法和在侧缝收腰之后的走向就迥然相异了。选择方向的差异，就是东西方文化的差异。

---

[1] 佚名. 服饰刍议 [J]. 申报，1911.
[2] 李大钊. 东西文明根本之异点 [J]. 言治，1918(7).
[3] 胡适. 新思潮的意义 [J]. 新青年，1919，7(1).
[4] 林语堂. 吾国与吾民 [M]. 长沙：湖南文艺出版社，2012：148.
[5] 陈独秀. 新文化运动是什么 [J]. 新青年，1920，7(5).

第一节 “领袖”观念

一、“整一性”观念与十字型结构

东西方服装在起源与发展初期都呈现出宽松、平面化的特征，西方服装在中世纪（公元5~15世纪）开始与东方分道扬镳，又经近世纪（公元15世纪中~18世纪末）的进一步发展才与东方服装越走越远。《西洋服装史》一书对这两个时期的服装特征都有着精练的概括：“中世纪服装是从古罗马那种南方型的宽衣文化经拜占庭文化的润色和变形，经‘罗马式时期’和‘哥特式时期’的过渡，最后落脚到日耳曼人为代表的北方型窄衣文化。从此，西洋服装脱离古代服装那平面性的单纯结构，与东方服装继续在衣服表面装饰上追求变化相对，进入追求三维空间的立体构成的时代……现代与古代，西洋与东洋，服装文化以哥特式时期为交叉点分道扬镳。❶”“西洋服装史上的近世纪，一般是指从文艺复兴时期到路易王朝的结束这一历史阶段……文艺复兴是指15世纪中到17世纪初以新生资产阶级经济成长为背景，以欧洲诸国王权为中心发展起来的服饰文化，其特点是把衣服分成若干个部件，各部件独立构成，然后组装在一起形成明确的外形……从外观上看，近世纪服装有一个共同特征，即性别的极端分化，性差的夸张和强调，形成性别对立的格局……男子服装重心在上半身，呈上重下轻的倒三角形，富有动感；女子服装重心在下半身，呈上轻下重的正三角形，很安定，是一种静态。这种两性绝对的对立形态是自哥特式以来，西洋窄衣文化发展的重大成果，不仅与古代服装截然区别开来，而且也与东方服装造型相去甚远。❷”

西方服装在中世纪与近世纪走向“立体化”的道路，逐渐形成与东方宽衣文化相对的西方窄衣文化。在《中华民族服饰结构图考》中也针对东西方服饰文化差异的本质原因进行了分析：“以欧洲为代表的西方服装形态是由‘复杂性、分析性、立体化’结构所决定的，而这种结构正是‘羊毛文明’的后果。因为高寒地带使欧洲人选择了羊毛，羊毛的可塑性使他们创造了‘分析的立体结构’；亚热带使中国人选择了丝绸，丝绸的不易破坏性让我们的祖先坚守着‘十字型、整一性、

---

❶ 李当岐. 西洋服装史 [M]. 北京：高等教育出版社，1995：37–38.

❷ 同❶：65.

平面化’结构古老而稳定的基因（象形文字思维）。可见，古典华服稳定的‘十字型、整一性、平面化’结构正是‘丝绸文明’的归宿。[1]”

在历史上，中国服装始终秉承着保持面料完整性的造型原则，衣片完全铺开时的形态呈“十”字形状，因此中国传统服装造型也被称作“十字型结构”。坚守着传统的一片布、十字型结构造型手法，一直延续到20世纪前半叶的旗袍是“丝绸文明”的主要表现形式，在纷繁多样的世界各民族服装中，凭借着鲜明的传统特性独树一帜，甚至还影响着欧美的时尚流行。西方在文艺复兴时期开始将服装分解成对应人体结构的不同衣片，然后再将各个部位组合成一件完整服装，这个思路逐渐发展成国际通用的把服装分解成前后衣身、袖子、领子等衣片的裁剪造型方法。在使用“分解、组合”的手段制造服装的西方人眼中，当年旗袍的十字型结构具有鲜明的“中国特色”，这也恰恰是西方现代服装发展长期忽略的。中国传统服装坚持十字型结构的造型思路背后是“整一性”的服装观念，整体性背后又有着“惜物”“敬物”观念的依托。《中华民族服饰结构图考·汉族编》中也表达了相同的观点：“现代设计多是因形施物，先预想出效果后再对布料进行复杂的裁剪、缝制，为了达到标新立异的造型可以不择手段，最不需要限制的就是物资的过渡（度）消耗。而中国传统的敬物思想，使他们努力保持物的完整性，试图最大可能不去破坏面料本源的物，对它们充满了崇尚和敬重[2]”。宗白华在《中国诗画中所表现的空间意识》中分析的“以大观小之法”则是从美学的角度阐述了“整一性”观念：“沈括以为画家画山水，并非如常人站在平地上在一个固定的地点，仰首看山；而是用心灵的眼，笼罩全景，从全体来看部分，‘以大观小’……中国画并不是不晓得透视的看法，而是他的‘艺术意志’不愿在画面上表现透视看法，只摄取一个角度，而采取了‘以大观小’的看法，从全面节奏来决定各部位，组织各部分。中国画法六法上所说的‘经营位置’，不是依据透视原理，而是‘折高折远自有妙理’。全幅画面所表现的空间意识，是大自然的全面节奏与和谐。[3]”

---

❶ 刘瑞璞，何鑫．中华民族服饰结构图考·少数民族编［M］．北京：中国纺织出版社，2013：54.

❷ 刘瑞璞，陈静洁．中华民族服饰结构图考·汉族编［M］．北京：中国纺织出版社，2013：4–5.

❸ 宗白华．美学散步［M］．上海：上海人民出版社，1981：96–97.

二、十字型结构与“领袖”观念

对民国时期的服装发展有着敏锐观察与独到见解的张爱玲曾对西式服装做如下描述：“现代西方的时装，不必要的点缀品未尝不花样多端，但是都有个目的——把眼睛的蓝色发扬光大起来，补助不发达的胸部，使人看上去高些或矮些，集中注意力在腰肢上，消灭臀部过度的曲线……❶” 正如张爱玲所说，西方体系下的女装造型集中在胸腰臀三个围度差所形成的曲线，这在西方服装开始向合体方向发展的中世纪时就已经初露端倪了。而对于女人胸、腰部位的审美描写也曾经大量出现在中国的诗词、小说之中，诸如“楚王好细腰”❷“嫋嫋一袅楚宫腰”❸“一捻楚宫腰”❹“纤腰宜宝袜”❺“杨柳小蛮腰”❻“胸雪宜新浴”❼等诗词不胜枚举。中国传统文学中对于雪白的胸与纤细的腰的描述，说明这两个身体部位在中国传统的人体审美与着装观念中也占有重要位置。但与西方不同的是，中国的服装传统并没有着力强调胸腰臀这三个部位的围度差所形成的人体曲线。或许是出于对人体曲线的表达诉求，使得西方服装走上了分解式、立体化的道路，中国服装发展的漫长历史中为什么没有走向强调胸腰臀曲线的方向呢？或许正是由于深受“整一性”观念的影响。这种现象在中西方交流相对较少，千百年来都基本处于稳定发展状态的20世纪以前都是可以理解的，但到了20世纪初年的社会巨变时期，在中国传统观念面临西方强烈冲击的时代背景下，当时的手工艺人已经开始接受表现人体曲线的观念，但仍然采用“一片布”的造型手段坚持“整一性”的原则就有些让人费解了。尤其是他们的意图是运用布料塑造胸腰臀曲线，并且掌握了西方的塑形方法，却没有像西方人那样针对胸腰臀的围度差异对布料直接做增减，而是始终以领子为中心、围绕着领子与衣襟、袖窿的结构做文章，这是一个非常值得探究的问题。

对比前文提到的四种旗袍裁剪造型方法可以发现，无论哪种造型的旗袍都是以领子为核心进而展开变化的。作为中国传统所抱持的“整

❶ 张爱玲. 更衣记 [M]// 金宏达，于青. 张爱玲文集. 合肥：安徽文艺出版社，1992：30.

❷ 南朝 · 范晔《后汉书马廖传》：楚王好细腰，宫中多饿死。

❸ 南宋 · 蔡伸《一剪梅》：嫋嫋一袅楚宫腰。那更春来，玉减香消。

❹ 元 · 景元启《得胜令 · 失题》：一捻楚宫腰，体态更妖娆。

❺ 唐 · 徐贤妃《赋得北方有佳人》：纤腰宜宝袜，红衫艳织成。悬知一顾重，别觉舞腰轻。

❻ 唐 · 孟棨《本事诗 · 事感》：白尚书（居易）姬人樊素善歌，妓人小蛮善舞，尝为诗曰：樱桃樊素口，杨柳小蛮腰。

❼ 五代 · 和凝《麦秀两岐》：脸莲红，眉柳绿，胸雪宜新浴。

一性”原则的必然表现，“一片布、十字型结构”的核心就是这个“十字型”的中心——领。从这一点上看，汉语中从服装名词中脱胎而来的“领袖”“领导”等词，似乎也在指引我们追根溯源地寻找其最初作为服装名词时的含义。在英文中，领袖主要用“Leader”表达，而领与袖则分别是“Collar”和“Sleeve”，两个英文词并无关联，不仅英文如此，同处东方窄衣文化圈的日本、韩国的语言中这两个词也是各自独立使用、毫无关联，可见标识服装部位的“领、袖”和用于表示首脑的“领袖”只有在中文里才是一体的。在《现代汉语词典》中，领的词义有颈（引领而望）、领子（衣领）、领口（圆领）、大纲（提纲挈领）、量词（一领长袍）、带（领导、领队）、领有（占领、领空）、领取（领材料）、接受（领教）、了解（领会）等十个解释。领袖的解释是“国家、政治团体、群众组织等的领导人。”不言而喻，来源于服装用词的“领袖”应该在中国传统服装观念中也起到了服装的“统领”“首脑”的作用。

回顾当年旗袍的制作手法，偷大襟是旗袍造型技术手段进化过程中最早出现并一直沿用的技艺，而且始终是决定当时旗袍造型优劣的核心技术，偷大襟手法的关键就是通过对领子部位的微调而辐射到服装全身造型，如果领弧大襟的吃进量和小襟的拔开量不平衡就会造成服装衣襟的偏斜与整体造型的失衡。另外，从第三章中实测旗袍实物的数据看，当年旗袍的领子围度都较现在服装的领围小，这一点也可以在老照片上紧裹在脖子上的领子形态得到印证（图5-1、图5-2）。从物质性的角度看这一现象，无论旗袍的衣身是宽松还是合体，领子都是紧紧地包裹住脖颈，只要领子的形态是稳定的，衣身的形态就是端正的，如若领子宽松则整件旗袍都可能松垮没形。从精神性的角度看，即使服装的衣身较宽松领子也必须是合体的，这一现象体现的是传统思想与着装观念对着装者行为举止的约束。纵观20世纪20~30年代的旗袍，服装的松紧、长短、直曲经历了日新月异的变迁，尽管领子的宽度也随之不断变化，但紧裹状态的领子围度几乎没有改变。“领袖”这个词传达的另一个提示，是不要忽略“袖”的结构。首先，偷大襟的手法除了对领口进行归紧或拔开的调整之外，还有“开衣襟”的步骤，开剪处的衣襟形态刚好连接了领子与袖子（从领口前中心到侧缝处的袖窿底），领与袖正是大襟弧线的两个端点，两个部位的变化直接决定着服装的形态；其次，前文提及的四种造型手法中，后三种更加合体的旗袍造型都需要借助袖子部位的丝道偏斜来满足衣襟的搭叠量，袖子部位围绕着领子展开变化是保证旗袍造型合体度的关键，可见袖子在总体服装结构中的作用同样不容忽视；再次，衣襟与侧缝相交于袖窿底点，袖窿弧的表情也是决定服装造型的关键性因素，这个部位尺寸的宽窄、线条的直曲直接影响到服装的功能与审美。总之，领袖这个词在社会生活中指国家、政治团体、群众组织等的领导者，在中国传统服装观念中领与袖同样是服装的核心。

在20世纪20~30年代的中国，手工艺人由领及袖，以这两个部位为核心解决服装由宽松到合体、由直线到曲线、由二维到三维的诸多难题。同西方针对人体胸腰臀的曲线选择增减布料的造型方法相比，中国从领子与袖子入手塑造合体的服装曲线的思考方法显然更加抽象，甚至晦涩难懂。这相对于“西方的具象”而表现出的“中国的抽象”，正是中国传统世界观的反映。《中国工艺美学史》中曾举中医的例子来解释古人的哲学观念：“经络的提出原来是为针灸在分析人体时提供依据的，然而针灸下针的穴位却往往使欧美人感到奇怪，明明是腰痛或两肋中痛，而下针的部位却是处在脚踝子不远的‘曲泉’或干脆在脚底的‘涌泉’等部位。它一方面说明了人体生理感觉不是一个点，在其他地方也有相应的部位的道理，另一方面说明了人体是一个自控系统，外界的力（如工艺品中考虑的功能）只要把握它的整体性，全盘考虑，分清主次，刺激一点（当然不是纯粹意义上的点），就会影响到他处，从而使人体整个机能得到调节和控制。[1]”中国人惯于从整体性的

1 | 2

图5-1　照片中紧裹脖颈的旗袍领子造型

（图片来源：http://image.baidu.com）

图5-2　杂志封面旗袍的领子形态

（图片来源：《良友》第一四七期封面、第一一二期封面、第一二一期封面、第一三〇期封面）

[1] 杭间. 中国工艺美学史[M]. 北京：人民美术出版社，2007：196.

角度展开思考，无论是做衣服还是治病都是相同的道理。《黄帝内经》中有“治病必求于本”的观点，也提到对于多数疾病的治疗都需要遵循“先本而后标”的原则。这里的“标”主要指患者所表现出来的症状，“本”则指疾病的源头。在《素问·至真要大论》中还谈道：“夫标本之道，要而博，小而大，可以言一而知百病之害。言标与本，易而勿损，察本与标，气可令调。”表明做事需首先分辨标与本，才可有效救治。

这样看来，在面对合体、表现胸腰臀曲线等艰巨的服装造型任务时，民国时期的手工艺人没有直接地使用西方“治标”的方法，而是遵循中国传统找到服装造型的“本”，围绕着传统服装观念的思考核心——领、袖寻求解决之术。显而易见，围绕领、袖展开思考的中国传统服装的“领袖观念”，与西方服装文化对服装的理解与表达有着鲜明的差别。当年旗袍中蕴含的“领袖观”，反映了中国服装面对现代化命题时所遵循的独具智慧的逻辑关系，也为更深刻地研究中国传统提供了新的思路，为当代设计师的思考与实践打开了一扇全新的回归传统的大门。

第二节 “穿”的行为介入

一、“构筑式”与自然肩形

林语堂在《论西装》中用自己的着装体验控诉西式服装的“不合理”：“穿礼服硬衬衫之人就知道其中之苦处。衬衫之外，又必加以背心。这背心最无道理，宽又不是，紧又不是，须由背后活动钩带求得适宜之中点，否则不是宽时空悬肚下，便是紧时妨系呼吸。凡稍微用脑的人，都明白人身除非立正之时，胸部与背后之直线总有不同，俯前则胸屈而背伸，仰后则胸伸而背屈。然而西洋背心偏偏是假定胸背长短相称，不容人俯仰于其际。惟人既不能整日挺直，结果非于俯前时，背心不得自由而褶成数段，压迫呼吸，便是于仰后时，背心尽处露出，不能与裤带相衔接。[1]”这段叙述反映出西式服装的一个主要特点：强大的塑形性使服装的立体造型明确而稳定，其优势是对穿着者

[1] 林语堂. 论西装 [M]// 林语堂. 林语堂精选集. 北京：北京燕山出版社，2006：253.

的身材有很强的修正、弥补作用，服装的基本形态不会因穿的行为而改变。

西式服装具有极强的构筑性，这一特点不仅体现在服装外廓型上，还表现在为了塑造外廓型而施加的“内功”上。例如，欧洲服装史中的西班牙风时期（1550~1620年）运用填充物来强化服装造型，“西班牙男子服装最大的特点之一就是大量使用填充物，普尔波万的肩部用填充物垫得很平，胸部和腹部也塞进填充物使之臌起，形成像鹅一样的大肚子。袖子也塞进填充物，出现三种基本造型……填充物不仅用于上衣，这时还用于那象南瓜似得臌起的短裤布里齐兹上……❶”这种强行填充、“刻意”塑形的手法在西方服装发展中流传甚久，到了现代社会服装从传统的重装简化到现代的轻装之后，这种刻意塑形的观念依然存在，只是厚重的填充物转化成了垫肩、胸衬等新的形式而已。西方的这些“刻意而为之”的服装造型就像一个充分满足塑形理想的壳，规范着着装者的身材。这对于从小是穿着具有极强舒适度的中装长大的林语堂来说无疑是如同枷锁。关于这一点，梁实秋也在文章中做过比较：“中装有一件好处，舒适。中装像是变形虫，没有一定的形式，随着穿着的人身体变。不像西装，肩膊上不用填麻布使你冒充宽肩膀，脖子上不用戴枷系索。❷”

回到中国服装的核心“领、袖”上来，从形态上看，旗袍的领与袖相连，首先塑造的是肩部的造型，十字型结构的造型使得当时的旗袍在紧贴颈部的领子固定下自然地由肩部垂下。一方面，旗袍的肩部将会因为穿着而产生一定的褶皱，这正是用于手臂运动的活动量，基于这一点来说，的确较西式绱肩袖的造型要舒适很多。另一方面，旗袍的衣料顺着人体的颈、肩、手臂的结构自领至袖垂下，自然地顺应了着装者的肩宽而呈现出柔和的肩部轮廓，同时由于服装上没有明确的肩宽位置限定，所以对于着装者肩的宽度也具有很强的包容度，这也同严格按照着装者肩宽尺寸制作并添加了垫肩塑形的西式服装有着本质的差别（图5-3）。林语堂曾经由此而大发感慨：“但这一层，我们就可以看出将一切重量载于肩上令衣服自然下垂的中服是唯一的合理的人类的衣服。❸”

---

❶ 李当岐. 西洋服装史 [M]. 北京：高等教育出版社，1995：72.

❷ 梁实秋. 衣裳 [M]// 梁实秋. 梁实秋作品. 武汉：长江文艺出版社，2014：82.

❸ 林语堂. 论西装 [M]// 林语堂. 林语堂精选集. 北京：北京燕山出版社，2006：254.

图5-3　柔和自然的旗袍肩部造型

（图片来源：《良友》第一〇九期，1935年9月：封面）

由独特的“领袖观念”形成的自然的肩部造型是中国传统服装的主要特征之一，也因为其很好地适应了东方黄种人的身材曲线而在几千年的发展演变中具有极强的稳定性。这种自然的肩形在东方宽衣文化圈得以发扬光大，形成了与西方刻意塑造的肩形截然不同的东方风格。山本耀司（Yohji Yamamoto）在叙述他成名之路时也曾经举过类似的例子：“我在巴黎做了个小规模的时装秀。以黑色为主调的无彩色服装，超大尺码叠穿，还有一些左右不对称的设计。在当时的巴黎发布会，备受推崇的是蒂埃里·穆勒和克洛德·蒙塔那（Claude Montana）这些设计师。他们拿出的作品，是用大肩垫夸大肩部线条，再收紧腰部呈倒三角形，色彩艳丽贴身裁剪。也就是说，在当时，紧身设计领导着女装的潮流。当大家对铠甲般夸张的肩部产生审美疲劳的时候，买手们开始寻找新的设计。[1]”当时自然的肩形给西方服装界带来了一股东方的清风，这也是东西方服装文化在20世纪80年代的一次对话。

二、人衣关系与“穿”的行为

正如梁实秋所说，顺应人体的结构是中国传统服装的主要特征，这也是中国服装穿着舒适的主要原因。于是，“穿”成为解读中国服装传统的首要关键词。木心在《只认衣衫不认人》中曾作如下精彩描述：“而你，在三面不同角度的大镜前，自然地转体，靠近些，又退远些，曲曲臂，挺挺胸，回复原状，立腿如何，分腿如何，要‘人’穿‘衣’，不让‘衣’穿‘人’，这套驯衣功夫，靠长期的玩世经验，并非

❶ 山本耀司. 做衣服 [M]. 吴迪，译. 长沙：湖南人民出版社，2014：39–40.

玩世不恭。[1]”他的“人穿衣”的观点一语道出以中国为代表的东方宽衣文化中的人、衣关系：人是着装的主体，衣的价值在于“穿”，或许东方宽衣文化之所以具备“非构筑式、半成型”的特点，就是后面还要辅助一个“穿”的行为才可以完整的“成型”。对于20世纪20~30年代的旗袍形态来说，穿着后是三维立体的服装，脱下来就回复成二维平面的形态，这种因穿与不穿而呈现的三维与二维的空间转换是中国人玩了几千年的游戏，并在当今很多少数民族日常生活中仍被普遍使用。云南花腰傣族妇女的裙子是一块布片拼成的方形筒裙，穿着时在腰部一侧经过两次叠褶翻折而形成了极具塑形感的不对称造型，风格灵动而活泼，但脱下来后仍然回复成一片布片拼成的方形筒裙的形态。云南花腰彝族妇女的头帕也只是一块长方形的绣花布片，但通过复杂手法在头上进行的“穿”，最终可以呈现出一个造型独特的立体帽子，这个帽子摘下来就又回复成了一块长方形的绣花布片……诸如此类的例子在东方文化圈里比比皆是、不胜枚举。山本耀司在《做衣服》一书中也曾谈到和服的“穿”的行为：“和服是仅凭一条腰带就可以千变万化的服装。在我的印象当中，古老的和服装扮是和擦地板等一些家务联系在一起的，繁杂而古板。而实际上，一件和服只用五分钟就可以换上，穿法别致，甚至可以去掉衣襟。每个人都能根据自己的喜好来穿着。我吃惊于原来和服是一种如此自由的服装！[2]”是的，与西方的构筑式服装相比，东方服装要靠穿才能体现出形态与价值的不确定性恰恰成了特点与优点，这个优点不仅体现在梁实秋所说的“舒适”，还体现在山本耀司所说的“自由”。

穿的行为揭示了东方服装观念里人与衣相互协调的本质关系，而人穿衣的最高境界，应该就是人衣一体吧。张竞生在《美的服装和裸体》中把这种境界称为：“衣服不是为衣服而是与身体拍合一气，然后才是美丽的。[3]”同时，木心在它的文章里进一步指出东方的穿的行为是动态的而非静止的：“一套新装，要经‘立’‘行’‘坐’三式的校验。立着好看，走起来不好看——勿灵。立也好走也好，坐下来不好——勿灵。‘立’‘行’‘坐’俱佳，也不肯连穿两天。‘衣靠着，也靠挂’，穿而不挂，样子要疲掉，挂而不穿，样子要死掉。[4]”胡兰成在《山河岁

[1] 木心．只认衣衫不认人[M]// 木心．哥伦比亚的倒影．桂林：广西师范大学出版社，2006：178.
[2] 山本耀司．做衣服[M]．吴迪，译．长沙：湖南人民出版社，2014：82.
[3] 张竞生．美的服装和裸体[M]// 张竞生．张竞生文集[M]．广州：广州出版社，1998.
[4] 木心．只认衣衫不认人[M]// 木心．哥伦比亚的倒影．桂林：广西师范大学出版社，2006：179.

月》中也写道："中国衣裳就宽绰，母亲穿过的女儿亦可以穿，不像西服的裁剪要适合身体有这样的难，西服的式样是离人独立的，所以棱棱角角，时时得当心裤脚的一条折痕，而中国衣裳则随人的行坐而生波纹，人的美反而可以完全表现出来。"在中国的传统服装观念中，着装的美是随同人与衣的"拍合一气"而呈现的，这种美是一种超越物质的自由，是人与衣服、与自然、与世界完全谐调，"拍合一气"的自由。

这种人与衣的谐调就是中国人孜孜不倦地追求的"道"。"道家要求'真正的巧并不在违背自然规律去卖弄自己的聪明，而在于处处顺应自然规律，在这种顺应之中使自己的目的自然而然地得以实现'。苏辙解释'大巧若拙'时说：'巧而不拙，其巧必劳，使物自然，虽拙而巧。'就是说工艺创造，既要通过工艺家的努力，又要顺应自然，浑然天成，没有人为造作痕迹，没有任何违背规律的人为的东西，这种合目的与合规律的高度统一，即通常所说的'巧夺天工''自然天成''鬼斧神工'，也就是'大巧若拙'——'无为而无不为'原则下的审美理想。[1]"与西方已经确定形态的构筑式服装相比，中国传统服装文化中追求的"大巧"不是服装构筑式的立体形态，而是蕴含于"平面"中的"立体"，是服装从二维向三维转换而出现的变化，是穿的行为赋予服装的"二次设计"，也是自然地适应人体、顺应人体的着装观念。所有的服装都将随着被脱下的行为而回归二维的平静，同时又在孕育着新的转变成三维的"穿"。

第三节 "形神兼备"的人、衣空间

一、"以实为虚"的物理空间

从20世纪20~30年代旗袍实测数据的松量看，当时旗袍留给现代人的"紧"与"瘦"的印象都是相对抽象化的"感觉"，而非绝对紧贴皮肤、紧裹身体。"旗袍并非在于曲线毕露，倒是简化了胴体的繁缛起伏，贴身而不贴肉，无遗而大有遗，如此才能坐下来淹然百媚，走动时微飔（飔）相随，站住了亭亭玉立，好处正在于纯净、婉约、刊落

[1] 杭间. 中国工艺美学史 [M]. 北京：人民美术出版社，2007：48.

庸琐。[1]”木心在《只认衣裳不认人》中的这段精彩论述揭示出当年旗袍含蓄、独特的造型背后隐藏的“中国传统的人与衣的空间观念”——“贴身而不贴肉、无遗而大有遗”。

从造型的角度看，当年曾经对中装与西装都有过着装体验的诸多文学大家都曾针对衣与人的空间与服装的功能性做过比较。1928年，徐志摩在赴美途中给陆小曼的信上写道：“脖子，腰，脚全上了镣铐，行动感到拘束，哪里有我们的服装合理，西洋就是这件事理欠通。”同样不适应西装束缚人体的还有林语堂，他的言辞同样犀利：“狗不喜欢带狗领，人也不喜欢带上那西装的领子，凡是稍微明理的人都承认这中古时代Sir Walter Raleigh，Cardinal Rioheliou等传下来的遗物的变相是不合卫生的……穿西装者，必穿紧封皮肉的卫生里衣，叫人身皮肤之毛孔作用失其效能。中国衣服之好处，正在不但能通毛孔呼吸，并且不论冬夏皆宽适如意，四通八达，何部痒处，皆搔得着。[2]”在他们所生活的时代，二人提到的中装与西装分别是长衫与西式衬衫、领带、西裤、西式驳领上衣。从20世纪20~30年代的长衫形态来看，当时完成现代化演进的长衫已经从清代宽大的长袍脱胎换骨成具时代精神的“进步男装”，服装的形态已完全适应了当年的社会生活，除了儒雅的气质延续了传统文人精神外，服装的松紧度也传承了中国传统的服装空间观念——为了适应社会生活而“适度地收紧”。所以，尽管当年的社会状况给服装提出了由重装到轻装、由宽松到合体的变革要求，但在徐志摩与林语堂的眼中，合体的服装是同样需要“宽适如意”的，这恰恰是“中国衣服之好处”，如果服装追求的合体使人“行动感到拘束”，那就“事理欠通”了。虽然两位文人的表述并不能代表当时全体国人的看法，但作为对中装与西装都有过着装经历的体验者，二人的态度还是具有一定代表性的，尤其是二人观点中流露出的“面对合体的概念时中国与欧美对待衣与人之间物理空间的尺度差异”是非常值得深入研究的。近百年后，日本设计师山本耀司在他的书中也表达了近似的观点：“西方的服装强调贴合身体。他们的着装理念认为，只有体现人体曲线的合体裁剪才是完美的设计。而我与此一直背道而驰。服装制作工艺另当别论，只就设计来讲，我的设计一定会让空气在身

[1] 木心. 只认衣衫不认人 [M]// 木心. 哥伦比亚的倒影. 桂林：广西师范大学出版社，2006：189-190.

[2] 林语堂. 论西装 [M]// 林语堂. 林语堂精选集. 北京：北京燕山出版社，2006：253.

体和衣服之间微妙地流动。[1]”

丰子恺先生以中西融合画法创作漫画、散文而著名，他同样不主张中国的服装过于“紧”。“丰子恺先生在《率真集》里说：‘西洋服装有适体的美，中国悟到这一点以后，就拼命的追求适体。于是那些盲从流行的女子，穿得衣服竟像袜子穿在脚上一样，身体各部位的原型十分显出，行动时全身像一条蚕或一条蛇……衣服裹得这么紧，透得过气来吗？’[2]”丰子恺的观点将衣与人空间尺度的中西差异从物理空间上升到了精神空间，中西对于服装的“紧”的理解与表达的不同，实际上是源于审美的差异。从人体美与着装美的角度审视衣与人空间的不止丰先生一人，“林语堂在《论中西画》中说：‘西人女装所以表扬身体美，中国人女装所以表扬杨柳美，女人西装表扬身体美者之美，同时暴露丑者之丑，使年老胖妇无所逃乎天地之间。’[3]”林先生在《论西装》中也同样谈到了中装与西装美的差异：“因为中国服装是比较一视同仁，自由平等，美者固然不能尽量表扬其身体美于大庭广众之前，而丑者也较便于藏拙，不至于太露形迹了，所以中服合于德谟克拉西的精神。[4]”他在《西装的不合人性》一文中还举了具体的例子：“中装和西装在哲学上的不同之点就是，后者意在显出人体的线形，而前者则意在遮隐之。但人体在基本上极像猢狲的身体，所以普通应该是越少显露越好……但美点的显露，并不是像穿了西装使人一望而知其腰围是三十二寸或在三十八寸的说法。一个人何必一定要被人一望而知他的腰围是在三十二寸呢？如若是一个颇为肥胖的人，他何必一定须被人知道他腰围的大小，而不能单单自己明白呢？[5]”看来，他们所推崇的中装不会使人“行动感到拘束”的深层次原因，是可以“藏拙”。这是林先生所说的“中装和西装在哲学上的不同之点”，也正是中国服装观念的独到之处。

《中国潮男》一书中透过物理空间与审美同样找到了背后的哲学依托：“衣服被形容为第二层皮肤，这是现代西方服装设计的主要理念，西方文化自古相信身体，崇拜身体，用大量裸体雕塑去歌颂身体的美，西方时装设计师通过裁剪的方法重塑身体，相信衣服紧贴身体

---

❶ 山本耀司. 做衣服 [M]. 吴迪，译. 长沙：湖南人民出版社，2014：107.

❷ 何德骞. 服饰与考证 [M]. 北京：中国时代经济出版社，2010：190.

❸ 同❷

❹ 林语堂. 论西装 [M]// 林语堂. 林语堂精选集. 北京：北京燕山出版社，2006：253.

❺ 林语堂. 西装的不合人性 [M]// 林语堂. 生活的艺术. 南京：江苏人民出版社，2014：234.

就是美。中国服装理念则不同，除了受儒家的影响不主张体型的勾画，刻意淡化性别，甚至隐藏身体外，更重要的是中国人并不太关心形体是否完美，认为身体会随着年龄日渐衰老，没的时间短暂，他们追求的是长生不老。中国人相信气，气的流动是万物的根源，所以身体与衣服之间应该存在着空间，让空气流动，中国传统服装宽衣博带，衣服随身体活动而变动，美随即产生，也就是说，古代中国服装的美，是从身体与衣服的空间产生出来的，而不是从紧贴身体而得来的。[1]”西方的审美观念进入中国以后，在追求紧身适体的服装造型时，20世纪20~30年代的大部分时间里都依然延续着传统的人与衣的空间观念，西方的“绝对合体”经由数年的消化，转化成了东方的“相对适体”。二者的差别在于，尽管20世纪30年代以后的旗袍已经随人体结构呈现出非常婀娜的曲线，但并不等同于西方的塑形手段，而是仍然保留了人与衣服之间的“气”的流动。这时的旗袍的“合体”并不是紧裹身体使行动受到约束，而是“感觉上”的合体，对于合体的“意”的追求显然强于“形”的强求。《庄子・秋水》中曾经明确提出：“可以言论者，物之粗也；可以意致者，物之精也。”此外，在《庄子・外物》中也曾经举例说明这一观点：“筌者，所以在鱼，得鱼而忘筌；蹄者，所以在兔，得兔而忘蹄；言者，所以在意，得意而忘言。”“意”与“言”的重要程度已经不言而喻，而且追求的境界也显然已经不甘于言，而是直指意的。这里“达意”的手段，就是服装与着装者身体之间的空间尺度掌控。西方观念习惯于运用立体的手法塑造服装“实体”的外部造型效果，追求服装与着装者身体之间合体的空间尺度，即使二者之间不是绝对紧贴留有空间，这个空间也是相对均匀分配的，这一原则在现代服装的裁剪制作中依然在沿用。而20世纪20~30年代旗袍的“适体”则体现出一种“不平均”的物理空间尺度，其目的是引发一种合体的联想，而非塑造一个真正合体的造型。通过对当年旗袍的尺寸分析发现，一些旗袍腰部最瘦处并不是收在腰节线上而是上提到胸下，这个做法既可以保证日常生活中对活动量有更高要求的腰围部位有更多的松量，又可以提升视觉中心、营造优美的胸腰曲线。同时，相对更加宽松的臀围松量，也是在充分满足人体活动所需求的放松量的同时，与腰围形成了对比更加强烈的围度差，从而在视觉上加强了腰部

---

❶ 陈仲辉. 中国潮男 [M]. 台北：联经出版事业股份有限公司，2013：504.

的“收缩感”——这正是中国传统美学的“虚实相生”观念的充分体现。“宋人范晞文《对床夜语》说：‘不以虚为虚，而以实为虚，化景物为情思，从首至尾，自然如行云流水，此其难也。’化景物为情思，这是对艺术中虚实结合的正确定义。以虚为虚，就是完全的虚无；以实为实，景物就是死的，不能动人；唯有以实为虚，化实为虚，就有无穷的意味，幽远的境界。[1]”面对西方“以实为实”的服装造型手法，当年的手工艺人与着装者都一致地坚持中国传统的“以实为虚”的服装物理空间塑造方式，努力追求“言尽而意不尽”的表现力。显然，当年旗袍的合体不仅体现在物理空间上的“合适”，更为重要的是隐含着精神层面的诉求。

二、“不似之似”的美学空间

中、西艺术的显著区别正是对于“神”与“形”的不同追求。西方艺术一直强调艺术对自然的模仿关系，重视透视法与解剖学的研究。列奥纳多·达·芬奇（Leonardo di ser Piero da Vinci）曾说过：“画家的心应当像一面镜子，将自己转化为对象的颜色，并如实摄进摆在面前所有物体的形象。应该晓得，假如你不是一个能够用艺术再现自然一切形态的多才多艺的能手，也就不是一位高明的画家。[2]”让·奥古斯特·多米尼克·安格尔（Jean Auguste Dominique Ingres）同样延续着前辈的艺术传统：“以艺术大师们为榜样，继续运用客观自然不断向我们提供的无数形象，诚心诚意地去再现它……去画吧，写吧，尤其是临摹吧！像对待一般静物那样。[3]”西方艺术对于美的认知建立在写实观念的基础之上，画家们看待人体美的标准同样体现在理性、严谨的科学方法上，认为身体的各个部位都要适合适当的比例。中国的传统人体审美则是完全不同的路数，林语堂在《吾国与吾民》中曾经写道：“一个女性体格的全部动律美乃取决于垂柳的柔美的线条，好像她的低垂的双肩，她的眸子比拟于杏实，眉毛比拟于新月，眼波比拟于秋水，皓齿比拟于石榴子，腰则拟于细柳，指则拟于春笋，而她的缠了的小脚，又比之于弓弯。这种诗的词采在欧美未始没有，不过中国艺术的全部精神，尤其是中国妇女装饰的范型，却郑重其事地符合这类词采的内容。[4]”相对于西方艺术追

❶ 宗白华. 美学散步 [M]. 上海：上海人民出版社，1981：41.

❷ 列奥纳多·达·芬奇. 达·芬奇论绘画 [M]. 戴勉，译. 桂林：广西师范大学出版社，2003：38.

❸ 安格尔. 安格尔论艺术 [M]. 朱伯雄，译. 沈阳：辽宁美术出版社，1979：20–25.

❹ 林语堂. 吾国与吾民 [M]. 长沙：湖南文艺出版社，2012：128.

求严谨的形，中国显然更加看重形后面的东西。宗白华在《论素描》中曾经对比中、西绘画的差异："然而中、西线画之观照物象与表现物象的方式、技法，有着历史上传统的差别：西画线条是抚摩着肉体，显露着凹凸，体贴轮廓以把握坚固的实体感觉；中国画则以飘洒流畅的线纹，笔酣墨饱，自由组织，（仿佛音乐的制曲）暗示物象的骨骼、气势与动向[1]"。其中对于西画与中国画的形容竟然完全能够与西式服装与当年旗袍的比较相对应。元代的倪赞曾说自己画竹"不求形似"，而是"聊以写胸中之逸气耳"[2]石涛也以"不似之似似之"流露出艺术超越"形"而表达"自我"的观点[3]。显然直白的"似"在中国传统观念里要远远不及"不似之似"。《美学散步》中曾经提到18世纪名画家邹一桂对西洋透视画法的逼真程度表示大为惊异，然而他的评价却是："笔法全无，虽工亦匠，故不入画品。[4]"清末的林纾在评价西画时也发表过相同的见解，他对西画的写实性大为赞赏，称其"状至逼肖"，但他依然认为："似则似耳，然观者如睹照片，毫无意味"。西方的服装自11~12世纪收紧腰身开始，就一直延续了一条"科学地"包裹人体的思路发展，尤其在女装发展方面，曾经盛行几个世纪的紧身胸衣以复杂的衣片塑造了西人理想化的立体造型。然而中国传统中一直不希望直白、刻意地"塑造"人体与服装的形态，即使到了20世纪初期，社会变革要求服装走向合体化道路时，中国人所追求的也与西方理性、科学地符合人体的思路不同，而是依然在寻找旗袍合体的"不似之似"，当时"看似"合体旗袍在腰围部位留有的空间量一方面充分满足了坐、卧活动所提出来的功能要求，另一方面也是中国传统"不似之似"思想的直接反映，当年旗袍上高高的开衩也是一个典型的例证，在20世纪30年代开始流行的长旗袍上，侧缝处装饰有极长的开衩，开衩处还常饰有蕾丝等花边加以强调。当时最长的开衩造型几乎开到了腰线，高高的开衩极大地提升了服装整体的视觉重心，拉长了着装者腿的视觉长度，使身材娇小的中国妇女在穿着高开衩旗袍之后也能呈现出完美的身材比例。然而，通过对旗袍实物及当年照片中旗袍形态的分析发现，当时长旗袍的

---

[1] 宗白华. 论素描 [M]. 上海：上海人民出版社，1981：158.

[2] 倪赞在《清閟阁遗稿》曾经谈到形与神的关系：仆之所谓画者，不过逸笔草草，不求形似，聊以自娱耳……余之竹，聊以写胸中之逸气耳。岂复较其似与否，叶之繁与疏，枝之斜与直哉。或涂抹久之，他人视以为麻为芦，仆亦不能强辩为竹。

[3] 石涛在《画语录·山川篇》的观点：山川使予代山川而言也。山川脱胎于予也。予脱胎于山川也。在《题画跋》中则简洁明了地指出：不似之似似之。

[4] 宗白华. 美学散步 [M]. 上海：上海人民出版社，1981：96.

图 5-4 旗袍开衩的“似与不似”

（图片来源：http://image.baidu.com）

高开衩中，真正的“衩”大多数都没有开到腰线，而是到膝盖左右就缝合了（图 5-4）。这个开到膝盖的真正的衩是为了满足着装者行动时的功能需求，而直通到腰线的“假衩”则是一个没有对应人体褪的长度、旨在引发观者无限想象的“美丽的谎言”，这也正是千百年来中国艺术所追求的不似之似的境界。在《中国艺术学》中，对这一境界进行了总结：“它们的汇集不仅要把潜伏在原生物象里的价值、意味、个性透视发现出来，而且还必然会对原生物象极高和极美的境界予以改造和提升，赋予它新的价值、新的意味、新的节奏、新的结构，使其成为一个新的、心灵化了的形象，甚至成为一种观念、一种精神、一种情感、一种纯感觉的象征。这就是‘真似’，‘真’在我神与物神合一、天与人合一。[1]” 20世纪20~30年代“贴身而不贴肉”的旗袍正是这种“观念、精神、情感、纯感觉的象征”的体现，也是中国传统含蓄的“人衣空间”观念的体现。相比而言，当时西方立体造型手法表现的“贴身贴肉”的服装在中国传统美学观念里是“不入画品”“毫无意味”的。

第四节 “技以载道”的思考

20世纪20~30年代旗袍的独到之处到底在哪里呢？本书没有选择对绲边、盘扣等缝制手工艺，以及旗袍的长度与开衩高度等常规角度展开研究，而是选择了图像分析与实物、文献互证的方法重新梳理旗袍造型的迁演过程，归纳当年旗袍从宽松到合体、从直线到曲线、从

[1] 彭吉象. 中国艺术学 [M]. 北京：高等教育出版社，1997：400.

束胸到收腰、从二维曲线到三维曲线的造型发展规律。进而展开对这些旗袍造型的技术层面的梳理，通过对四种造型手段以及材料、技术的分析，发现当年手工艺人在推进旗袍变革过程中所坚持的不变与进行的改变。通过中西服装文化的对比，隐含在民国时期旗袍背后的传统观念逐渐清晰——随着辛亥革命的爆发与新文化运动的开展，当年的旗袍面对深刻而复杂的社会局面走上了艰难的迁演之路。当时的进步青年、时尚女性与手工艺人一道吸收了西方的现代生活观念：接纳了以表达胸腰臀曲线为美的“西方审美观”、借鉴了西方的服装造型技术、采用了大量的西方服装面辅料、废弃了缠足与束胸的恶习，同时也传承了传统的十字型结构造型手法与以领袖为核心的服装观念、延续了传统以“穿”的行为体现的人衣协调的着装观、坚持了传统含蓄的“人衣空间”观念。在短短的20年间，将延续着古老的袍服传统、又曾经受过满族文化沁染的旗袍发展成为既传承文脉又极具现代性的全新服装。

《中国工艺美学史》中曾经用《庄子·天地》中“提水桔槔”故事解读传统观念中道与器的关系，“那个拒绝‘槔’这种先进的提水机械的老人，宁抱陶钵取水浇圃。他的理由是：‘有机械者必有机事，有机事者必有机心，机心存于胸中，则纯白不备，纯白不备则神生不定，神生不定者，道之所不载也’，所以他说抛弃先进的机械而吃力地用陶钵提水，并不是不知道省力的道理，而是因为损害了道，故‘羞而不为也’。[1]”这种情形与当年的旗袍发展面临的情况极为相似，西方的服装造型手段大可以直接拿来己用，当时红帮裁缝的风生水起足以证明掌握西方裁剪缝制手段并非遥不可及的难事。那么，在当时西方思想与服装如洪水猛兽般涌入中国的时候，本帮裁缝坚持用传统的思考方式与造型方法来寻求发展出路，而不是直接照搬西式技艺，是否也认为“全盘西化”损害了传统的“道”呢！当年的困惑与挑战在近一百年后的今天再次发生，但情形已经较当时更加糟糕，如今中国设计师的着装体验几乎全盘西化，还能够重新回到中国传统的思考方式中来吗？透过20世纪20~30年代的旗袍可以探究到似曾相识又遗忘已久的传统，设计师需要做的不仅是复原传统的服装、重复传统的技艺，而是要进一步思考传统的未来，这里面体现的“技”与“道”的关系在

[1] 杭间. 中国工艺美学史 [M]. 北京：人民美术出版社，2007：42.

中国传统思想里占有重要地位，达到一定境界的技即进入了道，技只是一种方法与手段，最终的目的则是道，设计需要将中国的传统带向未来，真正需要传承的一定是道。

第六章 十字型结构的实践探索

当今西方著名设计师们针对中国传统文化的当代性设计实践，真的能够触及文化本质吗？

自2014年古驰换上了创意总监亚历山大·米歇尔（Alessandro Michele）以来，这个销售业绩一度低迷的品牌开始一扫疲态，第一年的营收就大幅上涨了11.4%。正如古驰高层所期待的，临危受命的米歇尔不辱使命，重新树立起古驰的品牌形象，并带给古驰更加强烈的设计风格。尽管米歇尔的设计模糊了性别界限，大打文化融合牌，毫无顾忌地将古、今、东、西的文化共冶一炉，而其中的中国服装文化是最大的亮点。在他上任以来的数场新品发布会中，设计元素中来自中国传统服装上的盘扣、立领等元素，百子图、仙鹤、龙凤、祥云、花卉等图案，丝绸、园林纹织锦等面料，虎头帽、绣花鞋等服饰配件无一不在各大媒体的宣传版面上占据重要位置。近年从中国传统文化中汲取灵感的不止古驰一个品牌，路易·威登的秀上出现了中国的仙鹤、禽鸟、梅兰竹菊图案；瓦伦蒂诺的新品夹克后背绣着中国的龙；阿玛尼（Armani）近几年也经常使用中国的竹子元素……应该说，随着近年来中国经济的腾飞、文化软实力的加强，中国文化也开始在世界发挥更加重要的影响力。

曾经辉煌的中国服饰文明带给现代时装界的灵感与启发一直就没有间断过。在1999年美国出版的《中国风尚：东方遇见西方》中曾经针对这一现象展开过分析："有时候，当前中国风的流行被批评为对中国文化刻板的印象，'难到西方服装设计师从亚洲服饰中汲取灵感，就一定要以新帝国主义的形式生硬地照搬挪用吗？'英格丽·楚（Ingrid Chu）在文章《人造风味——亚洲身份与时尚崇拜》中问道：'把外国与非工业化的文化元素融入20世纪西方文化表达，这意味着什么？'她认为，当亚洲风的设计融入当代时尚之后就已经与其历史传统脱离了，仅仅成为空洞的异国情调的符号。当把另一种文化挪用到现代时尚中的时候，我们丢掉的是什么？仅仅提取美学元素或文化符号来表现其他国家和地区的神秘感。很多时候，设计师的行为如同是'剽窃'，因为他们并没有真正理解设计元素源于何时何地，以及它的历史。透过光鲜的外表，我们看到的只是设计师的一些想象，其根本性的东西在设计中被遗失了。[1]"就像东方的设计师很难对西方思想体系有

[1] STEELE V, MAJOR J S. China Chic East Meets West[M]. London: Yale University Press, 1999: 69–70.

真正深入的了解一样，西方设计师对东方文化的认识不够深入同样可以理解。不过问题在于，西方设计师到东方文化中寻求启发，终归是将从东方获取的灵感作为异域文化的补充来丰富自身的服装体系。而曾经的东方宽衣文化体系，尤其是中国的服装文化还沉睡在博物馆里。作为中国的服装设计师，我们需要对文化母体有充分与深入的理解与感悟，并进一步通过研究探寻传统文化基因，通过设计实践回归自身文化母体，创造出属于当今时代、又延续传统精神的全新作品。

第一节　国际化的传统

一、国际化的设计诉求

现代的旗袍形态出现至今已经近百年，期间经历的政治、经济、文化、军事变迁决定了旗袍发展的地域、形态、风格的复杂性，伴随着旗袍的迁演，中国在经历了对传统的质疑、否定之后又再次追崇传统文化。如今社会兴起了前所未有的“国学”热潮，对于传统服装文化的研究与基于传统的设计创新也逐渐深入，尤其“新中装”概念的提出，使得传统服装的理论研究与设计实践上升到了一个新的高度。“其根为中，其魂为礼，其形为新，合此三者，谓之‘新中装’。‘新中装’体现了中国人文化的自信、大美的追求和新礼的探索。在此次服装工作中形成的‘衣之五维达礼之五目’的实践经验，或许能为当代中式服装引出一个新的范式、开辟出一个新的天地！[1]”。《新中装》作品集中明确指出新中装是针对“中式服装”展开的当代性思考，即中国传统服装的自我现代化演进。

中国传统服装除了实现自我现代化演进之外，是否还可以在国际设计语境中发挥更大的价值呢？在“新中装”所做的对于民族传统的当代性探索之外，中国的服装传统是否可以有更加国际化的表达呢？针对这个问题，或许从20世纪80年代日本设计师在国际时装界“集体亮相”的分析中可以得到启发。“1983年，先锋派设计师川久保玲（Rei Kawakubo）和山本耀司的设计令国际时尚界瞠目结舌——见证了日本所发生的革命性变化。他们打破了当时盛行的宽肩、细腰、细高跟鞋等

[1] 摘自《新中装》作品集。

妖艳的形象，取而代之以黑色的、雕塑般的、结构的设计方式……三宅一生（Issey Miyake），第三位来自日本的设计师，也接受了现代主义的设计方法。他在材料上进行创新，从而使他能够以新的视角来开发服装。[1]”“三宅一生、山本耀司和川久保玲提供的，不是重新打造所谓的日本民俗或族裔服装，虽然这些杰出的工艺和意义的传统，的确也提供了丰富的灵感泉源。他们想要提供的，其实是服饰更深度的一面……他们运用西方人不熟悉的造型，大量采用黑色，并且以全新的手法处理布料和衣服。这和西方服饰处理性别和人体的基准截然不同，必然会吸引自视思想独立、不会陷入时尚流俗成规的人。[2]”在英国学者迪耶·萨迪奇著的《设计的语言》中提到的“运用西方人不熟悉的造型”实质上正体现了与西方注重塑形与体量感完全不同的东方宽衣文化的思考方式。以三宅一生为例，这位享誉国际的设计大师的“一生褶”系列已经成为他的品牌符号，在它众多的经典褶皱服装作品中，绝大多数都是平放时是二维的平面衣片，穿着后则随着褶皱的走向与人体的结构而呈现意想不到的立体造型（图6–1），这种从二维到三维转化的设计表达方式正是东方传统服装文化体系中最为重视的“穿”的概念体现。“三宅一生总是强调‘KIMONO后面的潜在精神’……KIMONO除了专指和服，还代表着直线裁剪，代表着与窄衣文化相对的、世界服饰的另一极——宽衣文化。正是KIMONO的文化积淀孕育了三宅一生这位大师。三宅一生

图6–1　三宅一生的设计作品

（图片来源：不详）

[1] 古尔米特·马塔鲁. 什么是时装设计 [M]. 江莉宁，刁杰，译. 北京：中国青年出版社，2011：33.

[2] 迪耶·萨迪奇. 设计的语言 [M]. 庄靖，译. 南宁：广西师范大学出版社，2015：169.

在KIMONO背后，发现了足以与西洋窄衣文化美学模式相抗衡的深厚底蕴。KIMONO之魂点化了他，使他敢于寻觅服装的意蕴之美、神韵之美、淡泊之美。[1]”

日本籍的几位服装设计大师在国际时装界的表现，给东方服装文化的国际化探索以肯定的答案，这也为设计师们寻找中国服装传统融入国际时尚文化体系的方法提供了更大的信心。尤其在当今国际设计界对中国传统服装文化符号过渡消费的设计现状下，中国设计师对传统文化的国际化思考与实践就显得越发迫切——从具体的服装现象入手，抽丝剥茧逐层深入地挖掘现象背后抽象的传统文化观念，重新回归中国传统服装文化的思考序列，以设计实践探寻中国服装文化本质的当代性、国际化的表达。

二、十字型结构的回归

前文通过对20世纪20~30年代旗袍的造型、技艺、观念的研究，探寻以十字型结构为载体的旗袍蕴含的中国传统服装文化基因。当结束了对传统的研究回过头来再面对现实社会时，发现这些曾经延续了几千年的中国传统服装观念几乎已经被现今社会所遗忘。《中华民族服饰结构图考·汉族编》曾对这一现象进行分析：“中国古典服装呈现出的看似简单的平面直线形制，由于疏于研究，我们并没有认识它的真正价值，甚至一直被可能是错误的传统理论支配着，其实往往正是这种朴素的形态凝结着古人的细密心思和卓越智慧。自古以来，对古典服装的裁剪及工艺都是由师傅对徒弟以口传心授的方式进行技艺传授和传承，并无图释和文字数据方面的记载，更没有系统的文献保存下来。它的这种出身（手艺人）也就决定了它的这种命运（手艺），随着了解和掌握这些技艺的手艺人去世，这种方式就会不可避免地使多少代传承下来的宝贵技艺遗失无存，也会因为没有文字和相关的技术文献、图谱、图考的记载而被后人曲解。[2]”发展到21世纪的今天，“十字型结构的服装造型手法”“以领袖为核心的服装观念”“通过穿的行为体现的人衣和谐的服装观”，以及“含蓄的人衣空间观念”这些曾经的服装传统，在某些少数民族传统服装中还可以寻找到些许痕迹，而在繁华鼎盛的时尚圈则几乎绝迹，即使定位为中装、定制旗袍的企业也

[1] 张海荣. 时空交汇：传统与发展 [M]. 北京：中国纺织出版社，2001：66.

[2] 刘瑞璞，陈静洁. 中华民族服饰结构图考·汉族编 [M]. 北京：中国纺织出版社，2013：2.

大多采用西式的思考方式与裁剪技艺进行设计、表达服装造型。

针对中国传统的十字型结构为什么没有在当代延续发展这一问题，目前还普遍存在着这样的观点："中国传统服装具有平面化的结构特征，这种一直沿着宽袍大袖的造型思路发展的服装更加注重装饰性与精神性，而功能性的发展则始终欠缺，到了现代社会面临新生活方式对服装提出的功能性要求时，传统服装的宽衣博带显然无法适应现代需求而走向消亡，被已经实现了现代化演进的西方服装所取代是历史发展的必然。"要探讨这个问题，首先需要回顾历史，思考中国传统十字型结构为什么会消失。图6-2对比了中国与西方20世纪20~80年代期间的几个代表性阶段的服装造型特点，从横向、纵向两个方面对十字型结构的消失展开分析。

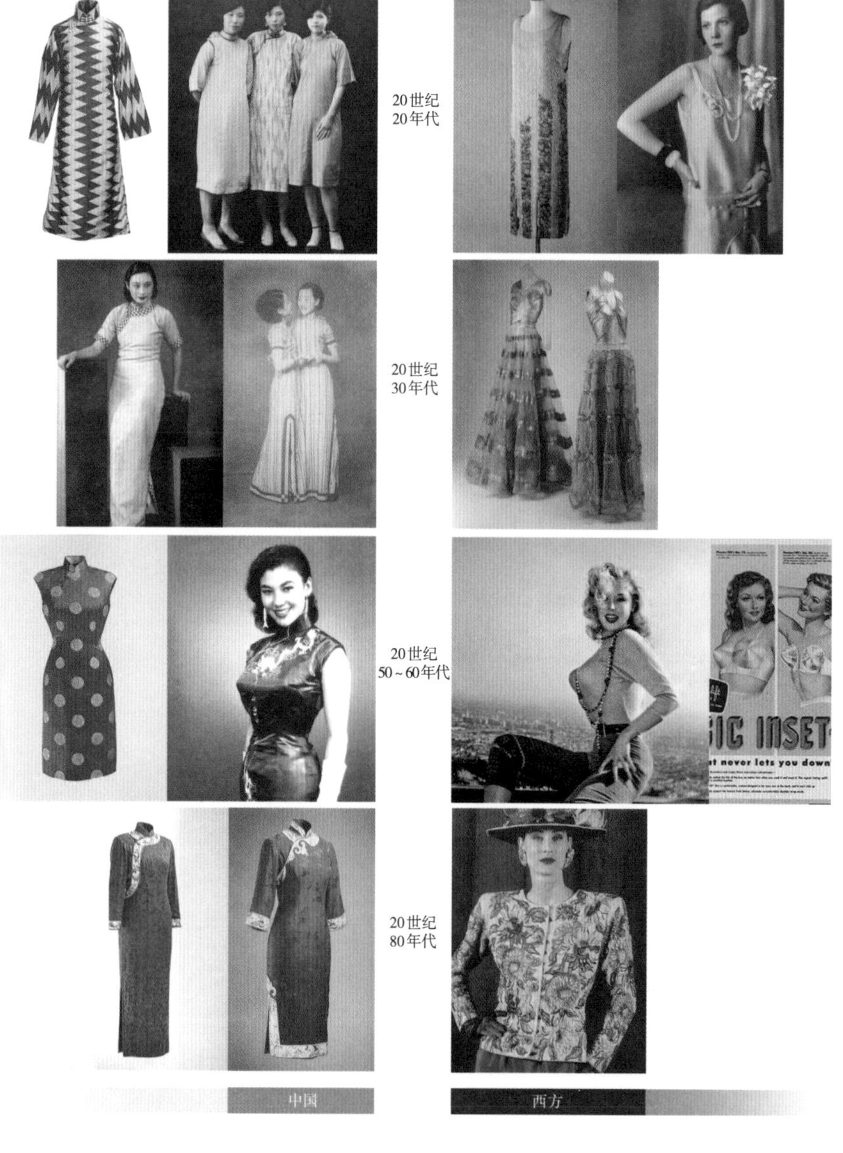

图6-2 旗袍造型与西方流行对比图

（图片来源：《旗丽时代》《时尚百年》《故宫旧藏人物照片集》）

20世纪初期旗袍的出现与发展都是在“西风东渐”的大背景下实现的。纵观旗袍儿十年的发展历史，始终与西方的流行保持着密切的关系。西方20年代“假小子”时期以平胸为美的服装观念恰巧与中国妇女的束胸审美吻合，很有可能给正在进行现代化演进的中国女装以启发，无形中促进了中国传统服装现代化进程。西方女装经历了短暂的“男性化”时期后，自30年代开始回归以表现女性胸腰臀曲线为美的审美趣味。中国的旗袍也随之自束胸转向收腰，继而进一步发展直至完全契合追求胸腰臀曲线的审美标准。尽管20世纪20~30年代旗袍的发展可以找到与西方时尚千丝万缕的联系，甚至审美观念也在短短的20年间日渐“西化”，但从技术层面来看，当时旗袍的造型手法不仅延续着中国传统的十字型结构，而且还为了更好适应旗袍的曲线表达而极富智慧地发展了传统技艺，运用挖大襟、归拔、前后衣片互借等手法在中国传统的二维塑形体系下，塑造出独具韵味的三维立体服装形态。

20世纪20~30年代中国服装审美标准与西方的日益趋同，确立了此后对西方流行亦步亦趋的基调，这对50~70年代旗袍的流行产生了决定性的影响。在西方服装史中，1947年是一个重要的年份，当年2月迪奥推出了载入史册的“新造型（NEW LOOK）”，西方服装因此再次走向追求凸胸、细腰、丰臀的“大曲线”的老路上。自50年代开始，玛丽莲·梦露（Marilyn Monroe）、索菲亚·罗兰（Sophia Loren）等一大批有着傲人胸围与极细腰肢的欧美明星开始大红大紫，这也成为当年以大曲线为美的女人体审美标准的代表例证。发展到60年代，欧美一度流行将胸围尺寸与胸部形状发挥到“极致”的锥形胸衣。由于1949年以后中国大陆与西方社会意识形态领域的对抗，1949~1979年这三十年来大陆地区与西方时尚几乎是绝缘的[1]，但西方流行对当时与英国、美国保持着密切联系的中国香港、台湾地区则产生了极为重要的影响。在这段时间内，港台旗袍的造型手段逐渐转向西方的破缝、收省、各个衣片分裁的方法，总体形态也逐渐进入到三维立体地表现人体曲线的阶段，甚至欧美锥形胸衣也在香港流行的旗袍中找到了影子，而传统的十字型结构表达手法则渐渐消失。

---

[1] 1949年以后，旗袍和西装一起成为“旧社会”或者“资产阶级情调”的代表而逐渐被“新中国”冷落，但并没有马上在当时的中国社会中消失，甚至在50年代中期还曾经出现过短暂的“复兴”。在当时政府“穿花衣”的号召下，部分妇女开始穿着棉布旗袍，杂志中也出现了少量的旗袍流行图片与穿着旗袍的电影明星照片。

回顾十字型结构造型手法最终让位于西式裁剪方法的历史，20世纪40~50年代是一个重要的过渡期。此前的西方时尚流行为旗袍的现代化嬗变提供了良好的土壤，即使是西方流行在30年代已经回归女性身体曲线表达的方向时，当时欧美崇尚的曲线也是以柔美的风格为主[1]，这种自然的曲线与中国传统追求的含蓄的审美精神有共通之处，同时保留了采用十字型结构塑造立体服装形态的可能性。但当西方的流行发展到40年代后期的“新造型”之后，那种极度夸张的胸腰臀围度差已经超出了一片布塑形的物理极限，港台旗袍的造型从十字型结构转向西式技术也就不难理解了。此外，由于当年的手工制作旗袍脱胎于封建社会自给自足经济，所以一些传统的工艺与材料也随着社会的发展而越来越难以适应新社会的生活需求。例如，20世纪20~30年代的很多旗袍都沿用传统的通过自制糨糊定形以增加面料挺阔度的技术，其优势是不会影响到面料的天然性能，较西方烫衬定形的方法更加自然和谐，但同时也具有不耐反复水洗的缺点，所以当年的很多旗袍都只有衣领可以拆下来洗涤，衣身始终不能水洗或很少水洗，这显然成为新的社会形态下工作日益繁忙的职业女性的一大困扰。同时，随着成衣业的形成与发展，费时长、成本高、过于依赖于手工艺人技艺水准的传统旗袍制作方式在便于量产的西式裁剪、加工方式面前逐渐失去了竞争力，就在成衣加工的普及大势所趋的大环境下，以十字型结构造型为代表的传统服装技艺不得不逐渐退出历史舞台。

西方的20世纪80年代是结束60 ~ 70年代的动荡与反叛、回归平稳生活并追求物质享乐的时代。雅皮士（The Yuppie）是80年代时尚的典型代表，“男性的雅皮士穿得象征权利：双排扣的老式西装，主要牌子是阿玛尼、雨果·波斯或者拉尔夫·劳伦的，肩膀部位有很厚的垫肩……阿玛尼这些设计师通过使用垫肩这类方法，使男性看来更加有棱有角，更加男性化……80年代的女性雅皮士与男性雅皮士一样多，她们的服装也是正式的，裁剪精致，宽垫肩，短而紧身的裙子和讲究的衬衣。她们的垫肩是从男装中借来的，同样显示权威、力量和严肃。[2]”成为80年代西方服装流行符号的宽垫肩同样影响到了中国的旗

---

[1] 参见王受之《世界时装史》第70页:(30年代的服装)突出胸部、腰部和臀部,虽然突出,但是不张扬,是一种很自然的体型的流露……

[2] 王受之. 世界时装史 [M]. 北京:中国青年出版社,2002:169.

袍，香港、台湾地区的旗袍中相继出现了垫肩这个辅料。当时，进入改革开放时期的大陆地区已经有了重拾传统的意识，旗袍开始出现在社会生活中，但当时在中国大陆再次出现的旗袍并不是20~30年代旗袍的回归，而是更多地借鉴了同时期香港、台湾地区旗袍的造型，于是加了垫肩、有着宽厚肩形的旗袍又作为“传统服装”在大陆流行开来。如果说50~60年代的旗袍采用西方破缝、收省技术是向西方“构筑式”服装文化迈进一大步的话，80年代垫肩的运用可以说是使得旗袍审美与造型彻底进入到构筑式的思考体系中[1]。因为尽管50~60年代直白、刻意地塑胸、收腰的裁剪手段已经打破了中国传统中含蓄的审美观，但至少自然的肩线与东方人窄而溜的肩形还保留了部分传统的审美意象。但当肩部的形态也用西方的方法塑造得平而宽之后，旗袍的总体造型就已经“全盘西化”了，这时的旗袍已经基本被“改造”成一件“构筑式”的“壳”，20世纪20~30年代旗袍中蕴含的从十字型结构到以领袖为中心的服装思考，再到依托穿的行为最终呈现服装形态的成型手段都消失难见了。于是，旗袍上残存的“传统”只有立领、盘扣等几个“符号”。

图6-3中显示的是在时间轴上旗袍结构的几种形态，清时期的旗装是典型的传统十字型结构造型，20世纪20~30年代的两款旗袍则体现了十字型结构进入现代社会之后与时俱进的智慧，而20世纪50年代至今的旗袍结构显然已经完全放弃了十字型结构。在百余年间的造型迁演图上，直观地呈现了旗袍由宽松到合体，由传承传统到全盘西化

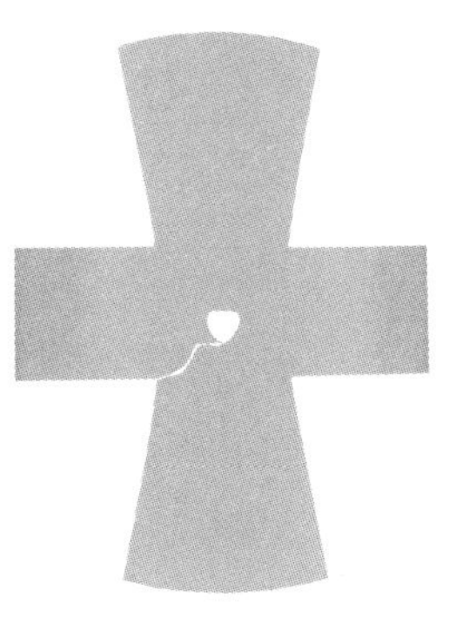

图6-3 旗袍造型迁演图

（图片来源：作者制作）

[1] 20世纪40年代，受“二战”影响，西方服装曾有一段军装风的流行，当时的女装也通过垫肩来强化服装的廓型，这种通过宽厚的垫肩来塑造服装平宽肩形的方法也曾经影响到当时中国旗袍的造型，但随着之后欧洲“新造型”的出现，这股垫肩风也就随之消失了。因此，在40年代流行的旗袍造型中，垫肩的运用只是昙花一现，而未形成更广泛的影响。

的历程。那么，在现代社会中，以十字型结构为代表的中国传统服装造型方法真的失去了生命力吗？尽管抱持以上观点的大有人在，但20世纪初旗袍成功实现现代性演进的事实足以说明传统十字型结构完全具备现代化发展的可能性。而且，当年的旗袍还曾经在20世纪前半叶的中国广大地区通用三十余年，并对我国香港和台湾，以及东南亚地区，甚至欧美的时尚流行都产生了很大的影响。在经历了半个多世纪之后，在当年的旗袍仅仅遗留下几个服装符号的今天，重新回顾旗袍从曾经迸发智慧火花到最终被西方技艺取代的这段历史，似乎不是简单的"优胜劣汰"可以解释清的。旗袍的发展自50年代转入香港、台湾以后，港台亲英、亲美的特殊身份加剧了从服装观念到技术手段的"西化"步伐，从而导致传统十字型结构被取代。而大陆地区的政治等方面的因素也致使服装文化与传统的断裂，十字型结构同样无法幸免，这也是当代中国在经历了对传统的"过度否定"之后最值得深刻反思的一个问题。当然，"曾经实现过现代性演进"的事实并不能证明十字型结构以及其背后的传统审美观念在任何历史时期都具有旺盛的生命力。十字型结构在当代是否还具备现代性变革的价值？是否还具有'现代化'延续的可能呢？本研究将通过设计实践的形式，从重拾传统平面中蕴含立体的造型手法开始，回归中国传统的人衣空间观，将对服装形态的思考重点从当今普遍认同的"胸腰臀"结构转回中国传统的"领袖"部位，探索以传统十字型结构表达丰富当代服装形态的有效路径。

第二节　平面的立体

徐志摩与梁实秋是穿着十字型结构的中式短袄与长衫长大的，这两位积累了多年中装着装经验的文学家曾经对西方服装极度不适应，这一点在他们文章中鲜活、生动的文字中已经真实地流露出来。或许当年他们没有想到，几十年后的中国社会竟然是由他们所痛恨的"西装"一统天下，而他们认为"暗中是与中国人之性格相合"又"宽适如意"的中装则几乎消逝无存了。作为穿着"西式服装"长大的当代中国人，不仅没有传统十字型结构服装的穿着体验，甚至了解什么是十字型结构的人都少之又少。

与20世纪20~30年代较为统一的旗袍造型相比，当今社会服装的类别与形态要丰富得多，而且面辅料的种类与性能也随之得到极大拓展。运用十字型结构表现当代服装造型的难点，主要体现在其与当代服装材料及结构的适应度上，针对这两方面的设计实践，旨在探索十字型结构在当代服装中再现的可行性。此外，作为在世界服装史上独树一帜的中国服装文化基因，通过十字型结构思考人衣关系的服装观念对世界发展的贡献应该不仅仅局限于当代，因此，前瞻性探索亦是设计实践的目的所在。

一、料性与结构的平衡

在当年旗袍造型手法中，平面的二维衣片中能蕴含立体的三维造型的秘诀，是为了对应服装结构的需求，通过归拔等手法充分发挥服装面料的物理性能，以达到料性与结构的平衡。当面对运用十字型结构表达当代服装丰富形态的设计诉求时，质与形的适应性同样是实践探索的首要问题，面料的弹性、垂感、厚度、硬度等物理指标都将影响到十字型结构服装的造型平衡。

质地柔软、悬垂感强的材料与十字型结构服装有极强的契合度，在制作中国传统服装时曾经被广泛使用的丝绸是这类材料的典型代表。优良的垂感与柔软的质地可以使丝绸平顺地搭垂在着装者的肩部，并沿着人体顺畅地垂坠而下，自然柔缓的“东方肩形”随之显现，经历过几千年时间洗礼的十字型结构造型手法与传统丝绸材料的质感浑然天成。设计作品一的丝绒材料具有柔软而悬垂的质地，可以与不同穿着者的不同身材完美地契合，由90度的十字型结构塑造的宽松造型几乎不需要过多的设计协调就能呈现出完整的设计状态（图6-4）。设计作品二选择了同样宽松的廓型，加入腰部的抽带设计细节之后，抽紧腰带可以塑造收腰的形态，服装的肩部也随着腰部造型的变化而呈现出更加适合人体肩部倾斜度的自然肩形（图6-5）。柔软且悬垂感强的质感也是大量棉、麻面料的特点，也同样适合表达宽松的十字型结构服装廓型。设计作品三选择质地疏松的麻质材料制作，衣身与袖子的松量都比较大，沿用基本的十字型结构造型手法完全可以满足当代服装的实用性能（图6-6）。

针织材料在现代社会日常生活中大量使用，由于以弯曲的线圈作为基础组织，所以针织物柔软富有弹性、穿着舒适合体，它的伸缩性、透气性以及悬垂感都明显优于梭织物。针织材料的弹性具有很强的结构适应性。设计作品四至六分别以十字型结构的造型手法实验了薄厚两种针织材料，以及宽松与合体两类服装造型。由于针织面料具备优良的弹性，所以制成的服装也具有对人体结构极强的适应度，即使使用最简洁的十字型结构，不需要做肩斜度偏斜等造型调整，针织面料依然可以凭借绝佳的弹性自然地沿人体的肩、躯干与手臂等部位下垂，腋下相应出现的褶皱也较少，中国传统服装中追求的自然而柔顺的肩部造型可以随着穿着者的行为产生。设计作品四是测试针织卫衣材料与十字形结构适应度的设计实验，材质与结构在人体上呈现出独特的美感（图6–7）。在以梭织面料为主体的作品五中，袖窿部位拼接了针织布片，针织材料与人体肩部结构的契合度在作品中被充分激发，既强化了造型的实用性，又丰富了设计的表现力（图6–8）。

出于服装塑形的设计需要，质地柔和但较挺括的材料在现代服装中被频繁使用，其中，棉、毛类材料都有良好的吸湿、透气性能，触感舒适自然、光泽朴实柔和。尽管这一类别的面料质地柔软，在对于十字型结构造型适应度上要优于质地更加厚而挺的毛呢类材料，但由于梭织的棉、毛材料基本没有弹性，所以在塑造较合体的服装形态时，肩与袖窿处的松量处理需要依据造型与材质的变化而做相应微妙的调整。20世纪20~30年代旗袍造型手法中，调整肩斜度，或使前后腰围与臀围相互协调等方式依然适用于当代服装合体造型的塑造。设计作品六的廓型较合体，因此在运用十字型结构连肩通裁的造型手段表达服装结构时，加大了肩部倾斜的角度，同时侧缝部位前后衣片弧线与长度的微妙变化也延续了传统旗袍的造型思考方式，最终呈现的设计状态既完全区别于西方收省、破缝方式塑造的服装造型，又同样具有很高的实用性能（图6–9）。设计作品七是高支精纺羊毛面料的塑形试验，由于面料质感紧实挺括，所以如果肩与袖窿处的松量不做适度调整就会因为堆积褶皱过多而淤滞在腋下，因此通过加大肩斜度的方法将肩线略做偏斜，以减少腋下的松量，进而达到整体结构关系的平衡（图6–10）。

毛呢类无弹力且较厚重的材料是现代秋冬装的首选面料，这类材料主要用羊毛或化学纤维织造，结构紧密、质感厚实挺括、防风保暖性能优良。由于十字型结构的连肩造型会在人体的肩与袖窿处形成一定的松量，这些松量将在着装者穿着之后以自然的褶皱形式出现在服装的肩与袖窿部位。从这个部位的造型表达看，质感柔顺的面料更适

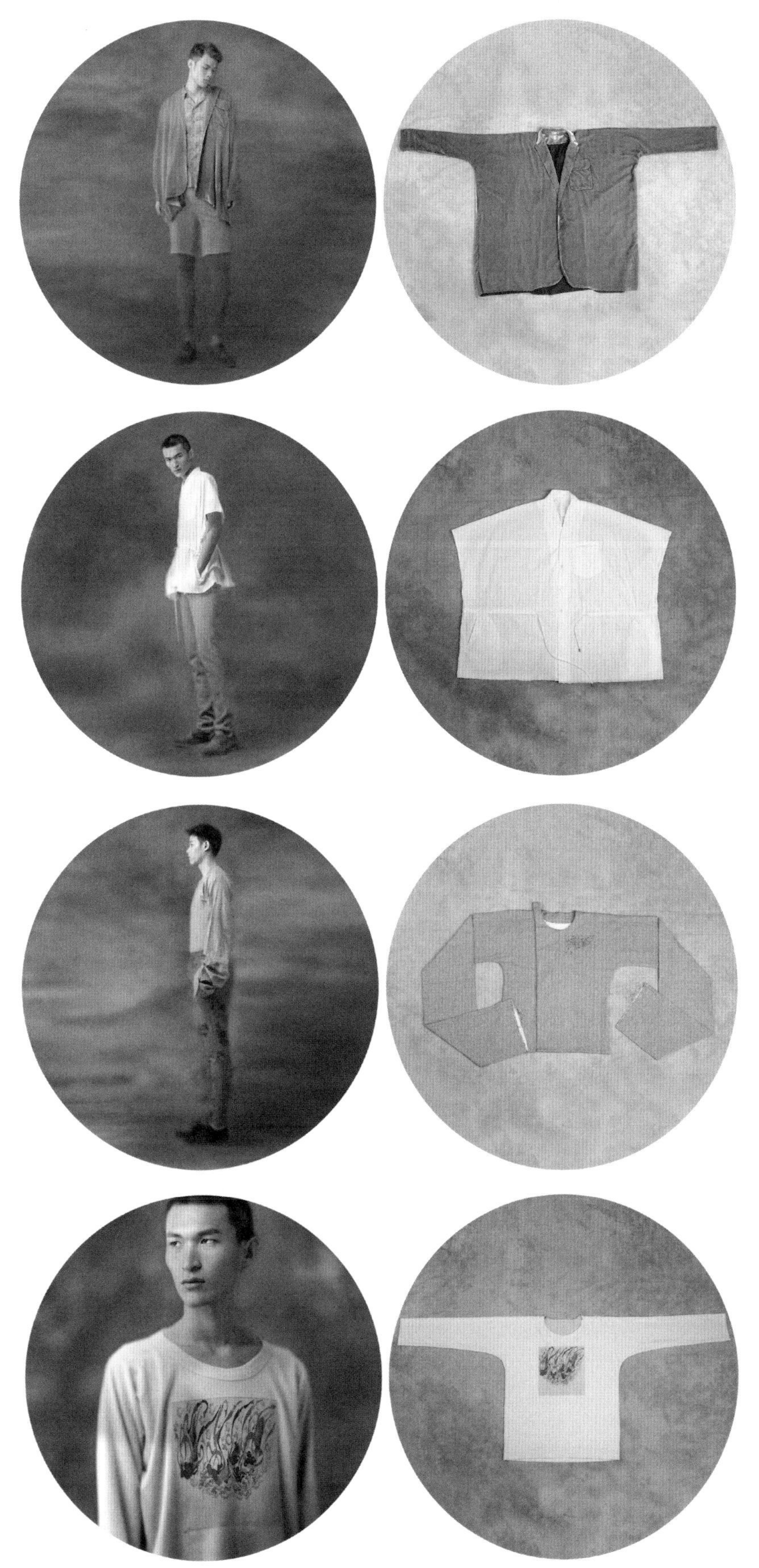

4
5
6
7

图6-4　设计作品一
图6-5　设计作品二
图6-6　设计作品三
图6-7　设计作品四

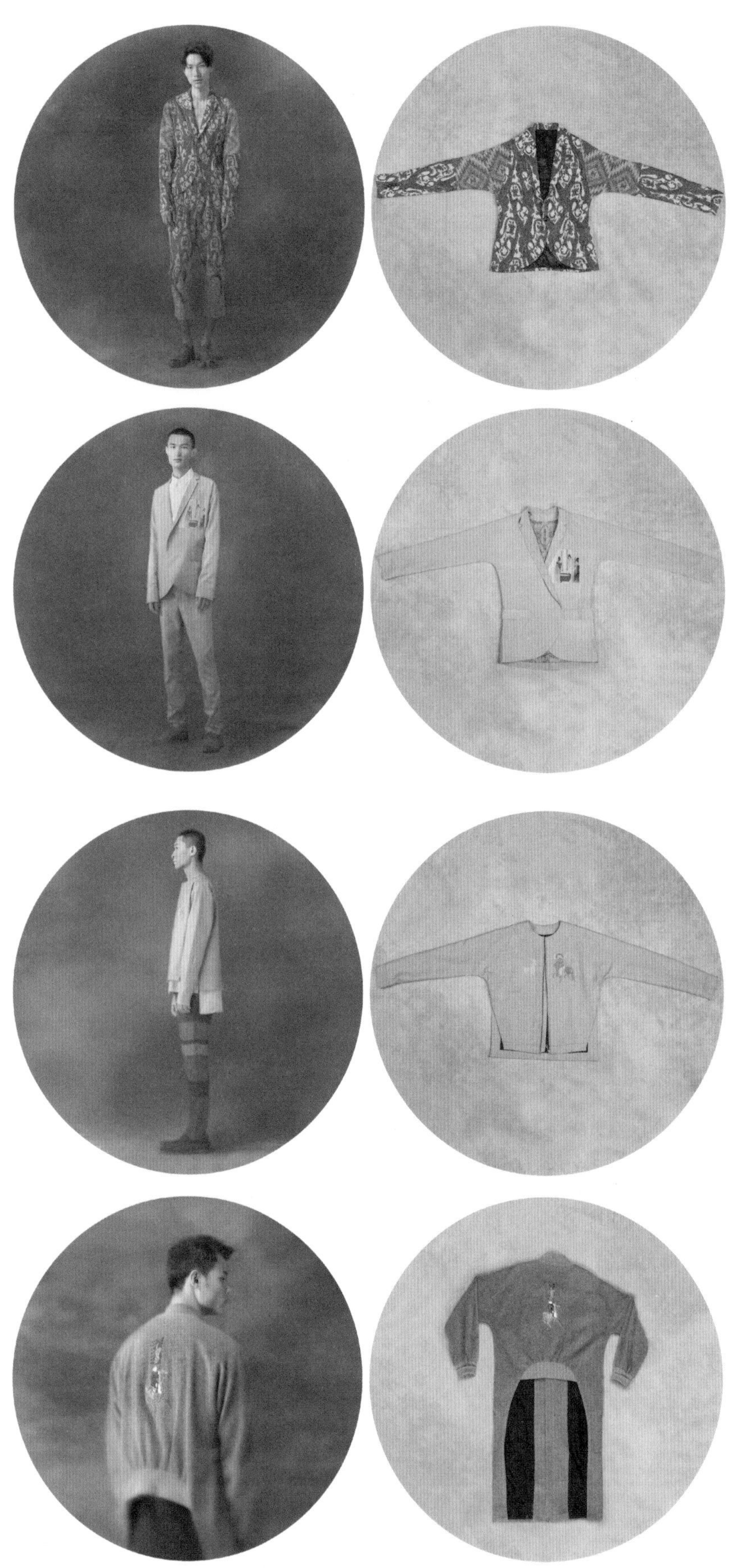

8

9

10

11

图6-8　设计作品五

图6-9　设计作品六

图6-10　设计作品七

图6-11　设计作品八

合塑造顺畅的褶皱，过于厚而挺的材料则可能会使褶皱的形态淤滞不够流畅。20世纪20~30年代旗袍偷大襟的手法在解决衣襟搭叠量问题的同时也促使衣身肩线轻微偏斜，从而与人体倾斜的肩部线条更加协调，因此增强了旗袍的合体度。基于当年旗袍造型技术的启发，设计作品八至十使用较为厚重的毛呢面料进行质与形的造型推敲，以加大肩线偏斜度的手法消减肩与袖窿处过多的松量，塑造相对更加合体的肩部造型，进而平衡材料质感与服装形态的关系（图6-11、图6-12）。其中，设计作品十以后中心为直丝线，由于增加了适量的肩斜度，所以制作服装的格呢上的方形格纹在袖子与前衣片等部位自然形成斜向的变化（图6-13），在十字型结构的塑形体系下，格纹形态随着造型需求的变化而衍生出丰富的设计变化。

二、领与袖的协调

中国传统服装在21世纪的今天已经作为历史遗存被请进博物馆，但围绕领袖展开设计变化的传统服装观念在流传至今的少数民族服装中还有所遗存。云南省玉溪市新平县花腰傣妇女的传统上衣是一件十字型结构的方形无袖马甲，前开形的衣襟只是从颈点向下开口，最终成品服装后领的宽度只有两侧缝头约2厘米的量，由于完全没有裁剪领宽，所以在二维平面状态下呈现出这样造型的服装，在穿着时后领口部位会被着装者的脖颈撑开，从而使服装后中线底摆部位起翘，服装后片的侧面造型也随之呈现A型。云贵地区的很多苗族支系服装也是围绕领子解决服装造型问题的典型例子，她们的上衣是传统的十字型对襟结构，衣身方方正正、袖子紧窄合体，平铺时左右对称的对襟造型在穿着时形成了斜向互搭的效果，由衣襟的交叉搭叠而形成的肩线偏斜效果，形成了更加合体的着装造型。

十字型结构的服装廓型平直简练，虽然是运用完整的二维面料塑造服装形态，却在穿的行为介入后因着装者的颈项结构而形成丰富的形态变化。设计作品十一是将领子作为设计中心以二维到三维的变化为方向展开的创意思考，整件服装起始自前衣襟——以面料的直丝布边作为衬衫前片斜衣襟的边缘，以领圈为圆心顺势经左肩转向后片，继而经右肩转回前片搭叠在斜衣襟之下。由于前襟丝道的变化与肩斜度的作用，所以前后衣片面料的丝道偏斜角度呈现出相应有趣味性的变化，这一变化通过缝缝外翻的结构被凸显，进一步强化了十字型结构有别于西式服装规范中注重前后衣身直向丝道的别具一格的造型观念（图6–14）。

在十字型结构的造型体系中，袖窿弧线和领口是影响着服装肩宽、胸围、袖肥三项数据指标的重要部位，是决定服装形态变化的关键性因素。西方造型手法将服装按照人体结构分解成了对应着装者身体部位的不同形状衣片，而中国传统的十字型结构造型手法则在衣身与衣袖的部位模糊了服装与人体的关系，这种思维方式在凸显了中国“表意强于表形”的审美习惯的同时，也对服装制作者的修养与经验提出了更高的要求。这一问题在现代设计的命题中进一步被激化，因此成为设计探索中需要着重推敲、协调的部分。袖窿弧线的直、曲表情直接决定着服装的围度与松量，进而影响到袖窿部位的褶量与表情，材料的物理性能与袖窿弧线表情的协调是设计推敲的关键。设计作品十二至十四分别选取袖窿弧线的三种表情与服装的三种造型相组合，从现代服装的功能性与装饰性的角度寻找最适宜的表达手法。作品十二的衬衫采用的是肩线几乎没有产生偏斜的十字型结构造型手法，由于衬衫较合体且面料较轻薄，所以袖窿最终确定为小圆角弧线（图6–15）。作品十三的毛呢驳领上衣面料较厚，所以通过适度的肩线偏斜角度增加服装的适体度，为了与合体的服装廓型相协调，袖窿部分选用了表情较圆的小角弧线（图6–16）。设计作品十四则尝试了相对更加圆顺的大弧线来塑造宽松的服装形态，袖窿处的松量在穿着后形成了非常独特的衣褶（图6–17）。相较于这三件设计作品的实用性功能，设计作品十五则倾向于创意性的思考，十字型结构叠褶毛呢大衣的袖窿部分通过不缝合的方式完成了衣身到袖子的过渡，袖窿的空间由前三件设计作品的实体空间变成了开放式的不确定空间（图6–18）。

20世纪20~30年代旗袍之所以实现了现代化的转变，偷大襟手法是最为关键的技术保障，其中所蕴含的中国传统制衣智慧更加值得珍视与发展，偷大襟及延伸技艺具有极为宝贵的传承价值。在设计作品十六的针织长袖卫衣中，领口部位改变了传统旗袍大襟的分割线位置，转化成自肩点向下的直线分割线，但“偷”的技巧依然隐藏其中（图6–19）。设计作品十七直接借用了偷大襟的手法，由于为了“偷”出大襟的重叠量而产生了肩斜度，在适度的领口归拔技术辅助下，肩部造型更加自然舒适（图6–20）。

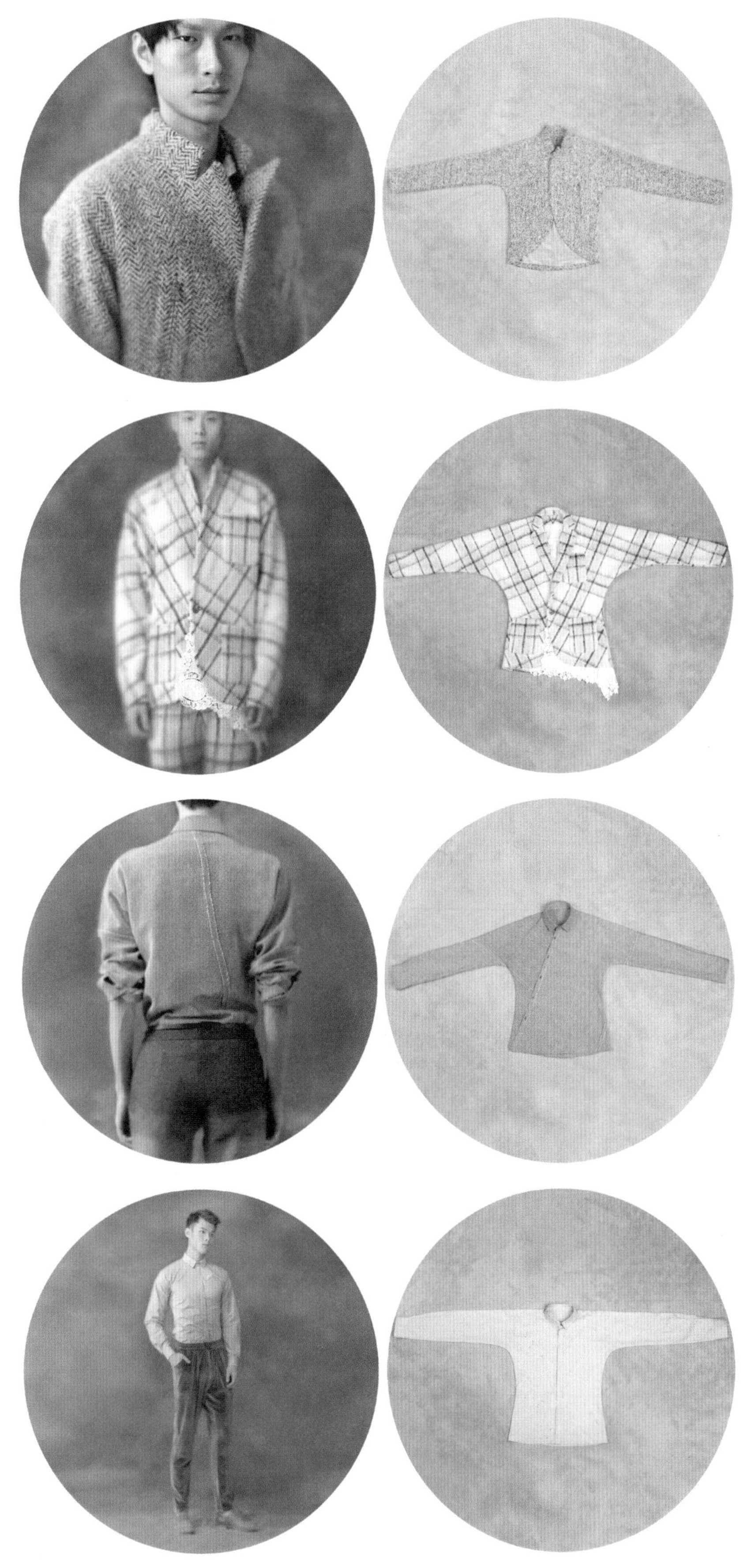

12
13
14
15

图6-12　设计作品九
图6-13　设计作品十
图6-14　设计作品十一
图6-15　设计作品十二

16
17
18
19

图6-16　设计作品十三
图6-17　设计作品十四
图6-18　设计作品十五
图6-19　设计作品十六

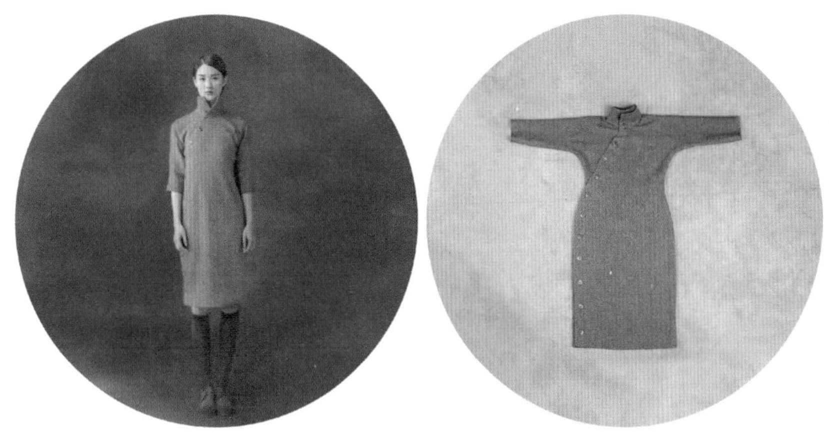

图6-20　设计作品十七

三、前瞻性探索

20世纪20~30年代的旗袍受西方观念与技术影响而实现了中国传统服装的现代化演进，当代西方科技的发展是否仍然会对中国传统的传承带来启发呢？在西方现代科技的发展序列中，3D打印（3D Printing）技术因为近年在各领域的广泛应用而形成了极具影响力的“3D打印现象”。如果将最具中国传统文化特征的十字型结构造型手法与西方科技发展的代表性成果3D打印相结合，会激发怎样的火花、引发怎样的思考呢？同时，是否也可以凭借与3D打印技术的结合进一步探讨中国传统服装文化对于服装未来发展的作用呢？

3D打印技术诞生于20世纪80年代的美国，原理是在三维结构化设计的基础上，运用分层加工、逐层添加、叠加成型的方式，以激光束或者电子束作为热源将材料高温熔化后逐层打印成型。现在常用的3D打印技术主要有：FDM（Fused Deposition Modelling，熔融层积成型）、SLA（Stereo Lithography Apparatus，立体激光光固化）、DLP（Digital Light Processing，激光成型）、SLS（Selective Laser Sintering，选择性激光烧结）等。3D打印技术在时尚领域的出现颠覆了传统服装用面料裁剪、缝制的造型手段，服装设计师们开始进行广泛的服装立体成型实践。目前的3D打印技术可以随心所欲地打印出各种立体造型，目前已经发布的3D打印服装、服饰类的设计作品也从附着在人体上的立体造型到结构奇特的服饰配件无奇不有，一件件设计如同杰出的雕塑作品呈现在人的身体上。这种“构筑式”的服装塑造手法是典型的西方设计思维的体现，也是对当今社会普遍使用的西方服装文化体系的丰富与拓展。

如果从中国传统设计思维的角度看待3D打印会有什么不同吗？在

中国传统人衣关系中，衣服不仅仅是人体外部的一个坚硬的外壳。中国人在服装造型上并不像西方人那样热衷于立体塑形，而是对服装的平面与立体（二维到三维）的转化与还原更感兴趣，所以中国传统服装大多采用相对平面的结构，但穿着后却展现出立体的特征，这也就需要服装材料具备良好的柔韧度以适应服装人体工学的基本要求。因此，只有让3D打印的产品具备了服装面料的基础性能才可以更好地实现3D打印服装的价值。

在《3D打印：从想象到现实》一书中，利普森（Hod Lipson）教授和库曼（Melba Kurman）女士在开篇第一章就勾画了一幅未来几十年间3D打印带给现实世界美好变化的愿景，从有机低糖松饼早餐到采矿机械部件、从房屋到人体器官、从飞机专用燃料喷射器到儿童牙刷，无论大小都可以快速精准地按照用户需要3D打印出来。但是在作者列举的小到一块饼干、大到飞行器的诸多物品中，却完全没有提及与日常生活最息息相关的服装。其中的原因有很多，但至少有两点是必不可少的：第一，目前科学家研究3D打印的专注度还没有集中到服装领域。第二，服装的纤维组织具有很独特的个性，3D打印一件可以日常使用的服装这一命题并不是轻易可以实现的。现实的确如此，3D打印出服饰配件、帽子与鞋都相对容易，但3D打印一件具备实穿功能的成衣暂时还很难实现，目前服装设计师们发布的3D打印服装主要是设计概念的表达，其创意的价值远远高于实用价值。问题的焦点最终集中在了材料的性能上，至今还没有堪比服装用的纺织类纤维材料被开发出来用于3D打印。于是，设计的思考与实践围绕着这个困扰展开，通过对概念、结构、形态、技术等几个方面因素的统筹形成最终的设计作品。

由于受当前3D打印材料的局限，设计探索的思路确定在3D打印材料的结构设计上——利用其结构关系来增加材料的弹性与韧性。目前已经有设计师针对这一问题展开设计实践，也取得了一定的进展。现在使用最多的是环式结构，即通过3D打印出来的环环相套的造型来满足材料整体的韧性需求，这种结构与欧洲和中国历史上都曾经使用过的锁子甲军装如出一辙，可以理解为将3D打印的锁子甲作为材料用于现代服装设计。从探索性的设计目的出发，这次的设计实践希望尝试更多、更加不同的表现手法，通过前期的实验与论证，最终确定以拉胀结构赋予3D打印材料以必要的柔韧性。拉胀结构是近年出现的新型结构，与常规材料受压膨胀相反，拉胀结构具有受压收缩、受拉膨胀的独特力学特征。

常规3D打印机器打印的单元结构尺寸相对有限，即使最大的3D打印机器也无法一次直接打印出一件衣服所需要的全部材料。在3D打印服装需要用多个单元拼合成一个整体的条件限定下，以中国“整一性”服装观念为指引，受传统“万字纹”的四方连续组织以及具有绵长不断寓意的启发，最终选择了可以无限延伸的六边形作为构成服装的基础单元。六边形作为自然界中甚至外太空都普遍存在的几何图形一直被科学家所关注，六边形凭借着“以最小量的材料占有最大面积、能够不重叠地铺满一个平面的正多边形”等特点而被科学家称为“所有形状当中能量最低，最完美最稳定的形状”。因此，运用3D打印技术从一个可以无限拓展的六边形出发，可以生发成从形态到观念都完全契合设计理念的完整服装形态（图6–21）。

稳定传承几千年的十字型结构，以领子为核心思考服装造型的观念一直延续到20世纪20~30年代的旗袍流行时期，当时中国都市妇女普遍穿着的旗袍已经开始用柔和的曲线表现女性美，但并不是用西方收省、破缝的塑形方法，而是以领子为核心、辅以袖窿、衣襟的结构变化来实现。这一手法在3D打印服装的前瞻性设计思考中表现为二维平面造型时的水母状领窝形态，而在穿着之后，这个二维的水母状领窝则“变化”为向后翘起的立体小尖领（图6–22）。

与传统设计模型生成方式不同的是，参数化设计强调通过数字、计算和编程设计“模型生长”，其优势在于不仅减少了设计的重复性、极大地提高了模型的生成与推敲的效率，同时还大大丰富了设计的可能性。参数化设计的前提是约束造型，在一个已经设定的造型中通过改变某一个局部的尺寸或某一个单元的参数的方式，可以自动完成对

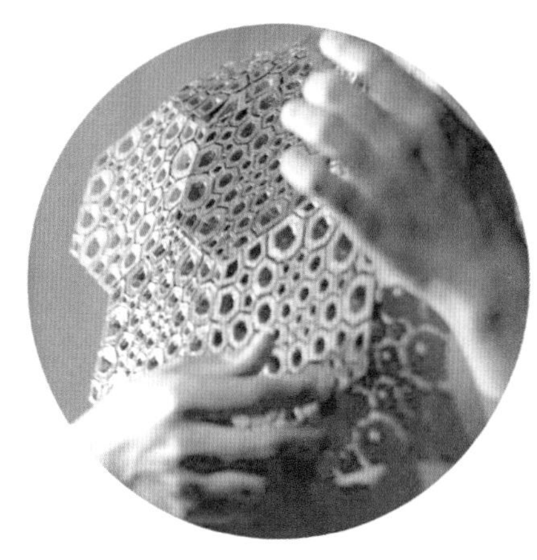

21 | 22

图6–21　作为基础单元的六边形

图6–22　领子的立体状形态

全部模型的调整改动，并生成丰富的设计效果，提供丰富的设计可能性。在设计实践中，以预先设定好的六边形造型为核心，依据每一片六边形在整体服装中的部位来调整相应的参数值，即生成最为适合的厚度与图案分布的单元模型，本系列设计中的两件3D打印服装共需要近200块六边形单元，运用参数化设计生成模型不仅极大地提高了设计效率，也为六边形的结构变化提供了更加丰富的选择可能性，成为深化、丰富设计的最有效的技术保障。

在基础概念、结构、形态逐一铺陈开并明确后，需要遴选最有效的材料与工艺保证设计实现。首先使用rhino软件结合eve-voronax和grasshopper共同生成需要打印的设计文件。随后通过对多种材料的打样测试与论证，最终确定以SLA与PLA两种技术与材料。SLA是立体激光光固化技术的简称，通常被认为是最早的3D打印方式，也是最早被商业化的技术。这一技术以光敏树脂（Photopolymer）为原料，将紫外激光（Laser）按设计的各分层截面轮廓对液态树脂连点扫描，被扫描的树脂薄层因产生光聚合反应而形成薄层截面。固化后在上面再敷新的液态树脂继续扫描固化，如此循环重复层层叠加直至完整成型。PLA是FDM使用的丝状热熔性材料的一种，被加热熔化后由喷头涂在工作台上，冷却之后形成一层横截面，运用同样方法一层一层叠加直至完整成型。在此系列的设计中，SLA打印成型之后的透明材料又进行了染色加工，运用分离染色法为透明材料上色。

最终，将完成3D打印与后整理的所有基础单元依设计意图组装拼合，形成完整的十字型3D打印服装形态。设计作品十八展现出服装穿着后的立体效果，平面中蕴含立体的服装观念借由3D打印服装再现（图6-23）。

图6-23　设计作品十八

第三节　设计实践的反思

曾经实现现代化嬗变又在此后的发展中逐渐消失，蕴含着独特的中国传统制衣智慧与哲学思考的十字型结构造型手法在当代乃至未来是否还具有延续的可能性?

第一，从技术与功能的角度看，题为“平面的立体”的系列服装设计作品从传统观念出发，以材料与结构为重点进行实践，探索在国际化设计语境下以传统十字形结构表现当代时装的可能性，实践结果验证了其“再生”的可行性。

由于十字型结构是用完整的面料塑造服装形态，所以服装穿着后会在着装者的腋下等部位形成适量的褶皱，这是二维的衣料对应人体躯干与手臂部位结构特征而产生的变化，也使得手臂活动的功能需求得到满足。这种平面化、宽松造型的十字型结构服装在几千年来基本稳定发展，并且同样适用于当代宽松造型的服装设计需求。

运用十字型结构塑造当代服装形态的技术瓶颈在于合体造型的表达。首先，丰富的现代服装面料之于设计思考是一把双刃剑，在极大地丰富了十字型结构服装表现形式的同时，也为十字型结构与合体造型服装的适应度协调制造了更大的困难。尽管当代使用广泛的针织类面料与十字型结构造型手法有着极高的契合度，可以很顺畅地适应人体结构并表现出自然的肩形与优美的褶皱，但也有大量质地特殊的新面料为材料与造型的适应性实践制造了诸多障碍。其次，合体的造型需求对十字型结构塑形手法提出了新的挑战，难点在于服装与人体的内空间的掌控，尤其是服装肩部造型与袖窿处褶皱量的尺度把握。这个部位的造型需要一定的褶量来满足人体活动需求，但褶量过多又易臃肿累赘。当年同样面对合体造型挑战的民国旗袍是解决以上困扰的成功案例，通过设计实践的多种造型推敲，验证了这种以领为中心、以袖子的角度变化来调整袖窿处衣褶量，进而掌控服装整体造型的有效性。这种巧妙的化解手法在未来的服装设计中具有很大的丰富与拓展空间，将成为当今服装形态中别具东方意蕴的有益补充（图6–24）。

第二，从审美角度看，十字型结构所塑造的服装形态在体现中国传统含蓄、内敛意蕴的同时，也使当今社会普遍认同的服装审美标准与中国传统审美的差异凸显出来。

图6-24 不同材料的肩部造型与褶皱形态

（图片来源：作者制作）

尽管通过设计实践的尝试已经极大地增强了传统服装文化当代化、国际化的自信心，但如若希求真正能够在服装文化上找回自我的话，“回归中国传统审美”同样至关重要。当今社会的时尚审美被西方“构筑式”的窄衣文化美学模式所主导是一个不争的事实，例如，以十字型结构、“领袖观念”为主导的连肩造型服装，在穿着后会形成自领至腋下的褶皱，这在西方构筑式服装塑形手段中是要尽量避免的，同样在西方服装审美中也并不被认同。如今穿着多年西式服装的中国人中还有多少人能接受这包含着胸围的松量与袖窿的活动量、并塑造了自然肩形的褶皱呢？重新构建中国服装审美体系，需要我们重新认识传统服装造型中隐含的精神层面含蓄内敛的气质与物质层面舒适自然的功能。只有抛开现在“全盘西化”的制衣技术与服饰审美，重新审视当年的旗袍，才会发现一个更加平和、恬淡，也更加自信的“自我”。

第三，3D打印技术与材料在本项研究的设计实践中出现，并不仅为了拓展十字型结构在当代服装设计中的表现空间，而是希望借东方与西方、传统与现代的对话引发中国传统服装文化未来价值的思考。

从服装的性能上看，设计实践的结果受制于目前3D打印材料与技术的局限，最终呈现的效果虽然保证了创意的实现，但服装的功能性仍存在不足。“可穿用的3D打印材料与结构”的研发是目前3D打印服装设计遇到的一个待解的结，这也为科学研究人员提出了更具方向性的新课题。不过，这次前瞻性的设计实践带来的是更深层面的思考，对于中国传统的未来有了新的启发，从这个角度看，这次实践的成果又远远超出了预期。本次的设计成果——两件3D打印的服装作品和20世纪20~30年代的旗袍在英国伦敦皇家艺术学院展出，这场题为“Inter-fashionality（可能的互置）”的主题展既是设计实践的成果展示，也是一次设计思考的交流，本次展览的策展人克莱尔（Claire Pajacakowska）教授对作品给予高度评价：“Inter-fashionality展览架起了传统旗袍和现代科技的桥梁，是将现今科技融入历史并探索未来的过程。同时，Inter-fashionality是一种新模式，帮助我们思索探讨随着科技的进步，3D打印技术如何引领我们重新理解人和物质之间的关系。这个研究项目试图在已有的关于设计、表演、物质性和服装思维方式的理论框架下，通过实践者的亲身实验寻找创新的思维模式。这一过程打破了传统对于服装、纺织品的定义和边界，力图用新科技来创造属于我们的对于人体和空间的思维模式。”3D打印逐层叠加制造模型的手法是典型的增材制造（Additive Manufacturing，简称AM）技术，相对于传统通过切削等对材料做“减法”的加工技术而言，增材制造技术使用的是从无到有的做“加法”的方法。这种方法不仅可以快速、自由地制造各种精密产品，也可以最大限度地节省资源、减少浪费。西方轰轰烈烈的工业文明发展到21世纪之后，随着对自己的反思进入了3D打印思维阶段，增材制造的概念与中国传统的可持续服装生态观殊途同归。现在世界通用的通过对面料剪裁来完成服装板形的方式是“做减法”的思考方式，始终存在着裁剪损耗与不可回复的缺陷，即使具有可持续性的中国“整一性”概念也只能最大限度地减少裁剪对面料完整形态造成的破坏，3D打印的增材制造则颠覆了传统的思维定式，从对服装面料做减法的常规形式转变为通过做加法的方式制造材料，通过原材料的支撑、叠加和凝结达到塑形的目的。当东西方的造物理念在当今的时代趋于一致、当参数化设计的精准严谨遇到中国服装文化追求的“不确定性”时，还会激发怎样的思考呢？本次设计实践仅是抛砖引玉，期待有更多的研究与实践。

麗歌
REGAL

第七章 结论

宗白华先生在1943年曾写道：“历史上向前一步的进展，往往是伴随着向后一步的探本穷源。李、杜的天才，不忘转益多师。16世纪的文艺复兴追摹着希腊，19世纪的浪漫主义憧憬着中古。20世纪的新派且溯源到原始艺术的浑朴天真。现代的中国站在历史的转折点。新的局面必将展开。然而我们对旧文化的检讨，以同情的了解给予新的评价，也更加重要。就中国艺术方面——这中国文化史上最中心最有世界贡献的一方面——研寻其意境的特构，以窥探中国心灵的幽情壮采，也是民族文化的自省工作。[1]”今天的中国服装设计师仍困扰于传统的当代性表达，或许回顾在刚刚进入现代社会之际，先人们思考、实践传统的现代性时所迸发出来的智慧火花，会给予今人如饮醍醐般的启发。作为完成了中国传统服装现代化演进并流传至今的传统“活化石”，20世纪20~30年代旗袍中正蕴含着今人努力探寻的实现中国传统服装文化现代化发展的“密码”。

第一，当今服装设计师多关注于立领、盘扣、衣襟、开衩等旗袍上的传统符号，并常误将运用西式裁剪手法塑造胸腰臀曲线的旗袍形态理解为旗袍的代表性造型。本文选择处于中国传统服装向现代转变重要时期的旗袍造型为研究重点，以图像、文献、实物互证的方式梳理出一条清晰的造型迁演脉络。当年旗袍从宽松到合体、从束胸到收腰、从直线到曲线、从二维曲线到三维曲线的发展历程，反映了中国传统面对现代性命题时所遵循的独具特色的逻辑关系，这一线索也为此后的研究提供了重要的启示。

第二，技术层面的研究不仅对濒临失传的传统手工技艺进行抢救性“挖掘”与整理，为当年旗袍造型的再现提供了有利的技术支撑，还建立了当年旗袍形态迁演过程中有代表性的几类旗袍造型的技术体系，从而与以时间为线索梳理的旗袍形态迁演规律相呼应，构建起一个立体发展网络。同时，传统的偷大襟、前后衣身布量互借等手法从技术层面、设计层面、思想层面搭建起一座回归历史的桥，其中蕴含的古人对待服装、人与世界的思考方式指引着当今中国服装设计师进入传统的设计思考序列，回归传统的母体。

第三，20世纪20~30年代旗袍中的传统文化基因主要有三：首先，当年旗袍运用“十字型结构”表现的造型手法充分揭示了中国传统服

[1] 宗白华. 美学散步 [M]. 上海：上海人民出版社，1981：68.

装的非构筑式、整一性、平面化特征，这是与西方服装构筑式、分析性、立体化的特点截然不同的中国的传统基因。而与西方直接表现胸腰臀曲线不同的，是长期被研究者忽略的中国传统服装的“领袖观念”，以领、袖为核心重新审视中国的传统服装，不仅为研究传统提供了新的思路，也为当代设计师的创新设计开拓了新的视角。其次，与西方以构筑式的手法塑造立体造型的服装不同的是，以中国为代表的东方服装文化更加注重人以及人的穿着行为对于服装产生的深刻影响，人以穿的形式使旗袍由二维转化成三维的服装，旗袍由于充分顺应人体的结构而与人合二为一，这人衣和谐的关系正是中国传统服装文化中的理想境界。最后，当年旗袍的合体效果从技术到审美都完全区别于西式服装，旗袍与人体之间的含蓄空间表达充分体现了传统文化中追求“不似而似之”的抽象感，这是典型的中国人衣空间的精神境界。总之，成功完成传统服装现代化演变的20世纪20~30年代旗袍以中国传统的十字型结构为依托，以“领袖”观念为核心展开造型思考，借助“穿”的行为，最终塑造“贴身不贴肉、无遗胜有遗”的人衣空间。

第四，进入20世纪50年代以后，十字型结构造型手法与思考方式在中国制衣体系与审美观念中的逐渐消逝，应该说这是我们在进行“现代性”尝试的道路上付出的代价。针对中国传统十字型结构是否还具有延续可能的困惑，本文第六章以设计实践的形式求证，并验证了传统观念在当代设计中呈现的可能性，进而通过与3D打印技术的结合进一步思考中国传统的未来。中国在鸦片战争以来经历了百余年的沉迷、彷徨之后，需要重拾自信、正视自身的文化传统，并有责任传承下去。朝花夕拾、师古鉴今，当年平面中蕴含立体的旗袍中体现的“十字型结构”是中国传统服装的造型基础；“领袖观”为当代服装设计师探索传统服装文化基因打开了全新的大门；人与衣的和谐关系指引中国设计师从西方“构筑式”的惯性思维中走出来，回归中国传统思考序列。

第五，由于研究与实践的时间限定，加之能力所限，还有诸多问题有待进一步探究。首先，本文以代表性杂志的图像分析为基础展开研究。由于中国幅员辽阔，各地的气候、地理环境复杂多样，服装文化的地域性差异显著，技术与服装审美亦各不相同，当年旗袍的造型一定具有更加丰富、复杂的迁演过程，因此文中梳理的造型迁演规律仅是一个大的框架，还需在以后的研究中进一步充实丰富、深入论证。

其次，对当年旗袍技术史的梳理也需要更进一步。对于一个有着数千年文化积淀的国家来说，散落在民间的丰富的制衣技术是一个巨大的智慧宝库，目前用于研究的田野考察收获与实物研究成果仅是沧海一粟，针对20世纪20~30年代旗袍的技术与文化的田野考察需要持续下去，尚有大量民间的制衣智慧有待挖掘、整理、研究。最后，本文虽然验证了十字型结构在当代设计中延续的可能性，但现阶段的设计思考与实践仅仅是基础性尝试，对于以十字型结构为基础的中国传统服装观念在现代设计中的实践探索还具有极为广阔的深入空间，十字型结构在当代乃至未来设计中的价值还需要更多的设计师在实践中不断创新。

中华文明稳定而有序地延续了几千年，一直处于世界领先位置。几百年前在西方士兵带着他们工业文明的成果“到访”的时候，中国开始逐步丧失文化自信，被动地走上了“西化”的道路，发展到今天已经从审美观念到日常着装都几乎与西方无异。在冷战后“全球化”趋势日益显著的时代，费孝通先生提出了“文化自觉”的概念，指出中国需要重新回到传统文化的序列，延续传统的基因，并以“各美其美，美人之美，美美与共，天下大同”十六个字概括其精神。那么，与世界各“美”相比，中国的“美”又是什么呢？宗白华先生曾经做过一个比较：“中国人与西洋人同爱无尽空间（中国人爱称太虚太空无穷无涯），但此中有很大的精神意境上的不同。西洋人站在固定的地点，由固定角度透视深空，他的视线失落于无穷，驰于无极。他对这无穷空间的态度是追寻的、控制的、冒险的、探索的。近代无线电、飞机都是表现这控制无限空间的欲望。而结果是彷徨不安，欲海难填。中国人对于这无尽空间的态度却是如古诗所说：‘高山仰止，景行行止，虽不能至，而心向往之。’……中国人于有限中见到无限，又于无限中回归有限。他的意趣不是一往不返，而是回旋往复的。[1]”与服装传统观念不追求绝对写实的立体造型，而执着于“平面的立体”一样，中国传统观念也不追求真正去遨游太空、驰于无极，中国的“美”正如林语堂所说：“宅中有园，园中有屋，屋中有院，院中有树，树上见天，天中望月。不亦快哉！[2]”

❶ 宗白华. 美学散步 [M]. 上海：上海人民出版社，1981：112–113.

❷ 林语堂. 来台后二十四快事 [M]// 林语堂. 林语堂精选集. 北京：北京燕山出版社，2006：295.

参考文献

[1] 赵尔巽,等. 清史稿 [M]. 北京:中华书局,1977.

[2] 徐珂. 清稗类钞 [M]. 北京:商务印书馆,1966.

[3] 章学诚. 文史通义 [M]. 吕思勉,评. 上海:上海古籍出版社,2008.

[4] 许慎. 说文解字注 [M]. 段玉裁,注. 上海:上海古籍出版社,1981.

[5] 沈从文. 中国古代服饰研究 [M]. 上海:上海书店出版社,2011.

[6] 孙机. 中国古舆服论丛 [M]. 上海:上海古籍出版社,2013.

[7] 孙机. 中国古代物质文化 [M]. 北京:中华书局,2014.

[8] 黄能馥. 中国服饰通史 [M]. 北京:中国纺织出版社,2007.

[9] 黄能馥,陈娟娟. 中国丝绸科技艺术七千年:历代织绣珍品研究 [M]. 北京:中国纺织出版社,2002.

[10] 钱穆. 民族与文化 [M]. 北京:九州出版社,2012.

[11] 宗白华. 美学散步 [M]. 上海:上海人民出版社,1981.

[12] 李泽厚. 华夏美学:修订插图本 [M]. 天津:天津社会科学院出版社,2001.

[13] 余英时. 中国思想传统的现代诠释 [M]. 南京:江苏人民出版社,2003.

[14] 朱良志. 中国艺术的生命精神 [M]. 合肥:安徽教育出版社,2006.

[15] 彭吉象. 中国艺术学 [M]. 北京:高等教育出版社,1997.

[16] 吴昊. 中国妇女服饰与身体革命 [M]. 上海:东方出版中心,2008.

[17] 何德骞. 服饰与考证 [M]. 北京:中国时代经济出版社,2010.

[18] 包铭新. 中国旗袍 [M]. 上海:上海文化出版社,1998.

[19] 刘瑜. 中国旗袍文化史 [M]. 上海:上海人民美术出版社,2011.

[20] 王宇清. 历代妇女袍服考实 [M]. 台北:中国旗袍研究会,1975.

[21] 卞向阳. 百年时尚——海派时装变迁 [M]. 上海:东华大学出版社,2014.

[22] 李当岐. 西洋服装史 [M]. 北京:高等教育出版社,1995.

[23] 袁杰英. 中国旗袍 [M]. 北京:中国纺织出版社,2000.

[24] 张竞琼,钟铉. 浮世衣潮之评论卷 [M]. 北京:中国纺织出版社,2007.

[25] 诸葛铠，等. 文明的轮回：中国服饰文化的历程 [M]. 北京：中国纺织出版社，2007.
[26] 薛雁. 华装风姿：中国百年旗袍 [M]. 北京：中国摄影出版社，2012.
[27] 包铭新. 近代中国女装实录 [M]. 上海：东华大学出版社，2004.
[28] 刘瑞璞，陈静洁. 中华民族服饰结构图考・汉族编 [M]. 北京：中国纺织出版社，2013.
[29] 刘瑞璞，何鑫. 中华民族服饰结构图考・少数民族编 [M]. 北京：中国纺织出版社，2013.
[30] 安毓英，金庚荣. 中国现代服装史 [M]. 北京：中国轻工业出版社，1999.
[31] 崔荣荣，张竞琼. 近代汉族民间服饰全集 [M]. 北京：中国轻工业出版社，2009.
[32] 李楠. 现代女装之源：1920 年代中西方女装比较 [M]. 北京：中国纺织出版社，2012.
[33] 孙彦贞. 清代女性服饰文化研究 [M]. 上海：上海古籍出版社，2008.
[34] 罗麦瑞. 旗丽时代 [M]. 辅仁大学织品服装学系，2013.
[35] 黄强. 中国内衣史 [M]. 北京：中国纺织出版社，2008.
[36] 卜珍. 裁剪大全 [M]. 广州：穗兴印务馆，1948.
[37] 湖南省立农民教育馆. 高级民校中服裁法讲义 [M]. 长沙：湖南省立农民教育馆，1935.
[38] 浏阳淮新女职学校. 中服裁法讲义 [M]. 益美书纸印刷公司，1938.
[39] 何元. 裁缝大要 [M]. 上海：中华书局，1936.
[40] 自治女校. 缝纫教本 [M]. 国民印刷纸庄.
[41] 王淑琳. 裁缝手艺：第 2 卷 [M].（伪）满洲国图书株式会社，1938.
[42] 胡遐龄，沈碧纯. 西服裁法讲义 [M]. 湘潭益明印刷社，1947.
[43] 郑嵘，张浩. 旗袍传统工艺与现代设计 [M]. 北京：中国纺织出版社，2000.
[44] 杨成贵. 中国服装制作全书 [M]. 香港：艺苑服装裁剪学校，1979.
[45] 杨明山，袁愈焰. 中国便装 [M]. 武汉：湖北科学技术出版社，1985.
[46] 张爱华. 龙凤旗袍手工制作技艺 [M]. 上海：上海人民出版社，2013.
[47] 刘瑞贞. 旗袍裁剪法 [M]. 香港：香港得利书局，1980.
[48] 崔爱梅. 祺袍制作与体型研究 [M]. 台北：环球书局，1996.
[49] 陈万丰. 中国红帮裁缝发展史：上海卷 [M]. 上海：东华大学出版社，

2007.
[50] 徐华龙. 上海服装文化史 [M]. 上海:东方出版中心,2010.
[51] 蒋廷黻. 中国近代史:插图珍藏版 [M]. 北京:新世界出版社,2016.
[52] 徐中约. 中国近代史:1600—2000,中国的奋斗 [M]. 计秋枫,等译. 6 版. 北京:世界图书出版公司北京公司,2012.
[53] 张宪文. 中华民国史 [M]. 南京:南京大学出版社,2005.
[54] 沈弘. 遗失在西方的中国史:《伦敦新闻画报》记录的民国 1926—1949[M]. 北京:北京时代华文书局,2016.
[55] 林语堂. 吾国与吾民 [M]. 长沙:湖南文艺出版社,2012.
[56] 林语堂. 生活的艺术 [M]. 南京:江苏人民出版社,2014.
[57] 林语堂. 林语堂精选集 [M]. 北京:北京燕山出版社,2006.
[58] 木心. 哥伦比亚的倒影 [M]. 桂林:广西师范大学出版社,2006.
[59] 梁实秋. 梁实秋作品 [M]. 武汉:长江文艺出版社,2014.
[60] 张竞生. 张竞生文集 [M]. 广州:广州出版社,1998.
[61] 张竞生. 美的人生观:张竞生美学文选 [M]. 北京:生活・读书・新知三联书店,2009.
[62] 金宏达,于青. 张爱玲文集 [M]. 合肥:安徽文艺出版社,1992.
[63] 余英时. 余英时文集:第 5 卷 [M]. 桂林:广西师范大学出版社,2006.
[64] 沈从文. 古人的文化:彩色插图本 [M]. 北京:中华书局,2013.
[65] 费宗惠,张荣华. 费孝通论文化自觉 [M]. 呼和浩特:内蒙古人民出版社,2009.
[66] 朱良志. 中国艺术的生命精神 [M]. 合肥:安徽教育出版社,2006.
[67] 朱光潜. 无言之美 [M]. 2 版. 北京:北京大学出版社,2005.
[68] 北京大学哲学系美学教研室. 西方美学家论美和美感 [M]. 北京:商务印书馆,1980.
[69] 王受之. 世界时装史 [M]. 北京:中国青年出版社,2002.
[70] 杭间. 中国工艺美学史 [M]. 北京:人民美术出版社,2007.
[71] 吴山. 中国历代服装、染织、刺绣辞典 [M]. 南京:江苏美术出版社,2011.
[72] 李家瑞. 北平风俗类征 [M]. 北京:商务印书馆,1937.
[73] 陈美怡. 时裳摩登:图说香港服饰演变 [M]. 香港:香港中华书局有限公司,2011.
[74] 杨道圣. 时尚的历程 [M]. 北京:北京大学出版社,2013.

[75] 陈仲辉. 中国潮男 [M]. 台北:联经出版事业股份有限公司,2013.
[76] 陈怀恩. 图像学:视觉艺术的意义与解释 [M]. 石家庄:河北美术出版社,2011.
[77] 赵汀阳. 天下的当代性:世界秩序的实践与想象 [M]. 北京:中信出版社,2016.
[78] 陈醉. 艺术,写在人体上的百年 [M]. 北京:中国文史出版社,2007.
[79] 葛路. 中国绘画美学范畴体系 [M]. 北京:北京大学出版社,2009.
[80] 袁杰英,刘元风. 国际青年时装设计师大赛中国参赛作品赏析 [M]. 哈尔滨:黑龙江科学技术出版社,1998.
[81] 罗玛. 开花的身体:一部身体的罗曼史 [M]. 上海:上海社会科学院出版社,2005.
[82] 冷芸. 中国时尚:与中国设计师对话 [M]. 香港:香港大学出版社,2013.
[83] 张海容. 时空交汇:传统与发展 [M]. 北京:中国纺织出版社,2001.
[84] 王岳川. 发现东方 [M]. 北京:北京图书馆出版社,2003.
[85] Lee Chor Lin, Chung May Khuen.In The Mood For Cheongsam[M]. Singapore: Editions Didier Millet and National Museum of Singapore, 2012.
[86] CLARK H. The Cheongsam[M]. Hongkong: Oxford University Press, 2000.
[87] STEELE V, MAJOR J S. China Chic East Meets West[M]. London: Yale University Press, 1999.
[88] 蒋廷黻. FASHION: The Ultimate Book of Costume and Style[M]. 北京:Dorling Kindersley Ltd,2012.
[89] 迪耶・萨迪奇. 设计的语言 [M]. 庄靖,译. 南宁:广西师范大学出版社,2015.
[90] 亨利·波卓斯基. 设计,人类的本性 [M]. 王芊,马晓飞,丁岩,译. 北京:中信出版社,2012.
[91] 山本耀司. 做衣服 [M]. 吴迪,译. 长沙:湖南人民出版社,2014.
[92] 塞缪尔・亨廷顿. 文明的冲突与世界秩序的重建 [M]. 北京:新华出版社,2010.
[93] 迈克尔・苏立文. 中国艺术史 [M]. 徐坚,译. 上海:上海人民出版社,2014.

[94] 费尔南·布劳岱尔. 15 至 18 世纪的物质文明、经济和资本主义：第 1 卷 [M]. 施康强，顾良，译. 北京：生活·读书·新知三联书店，1992.

[95] 小野和子. 中国女性史 [M]. 高大伦，范勇，译. 成都：四川大学出版社，1987.

[96] 鹫田清一. 古怪的身体：时尚是什么 [M]. 吴俊伸，译. 重庆：重庆大学出版社，2015.

[97] 乔纳森·M. 伍德姆. 20 世纪的设计 [M]. 周博，沈莹，译. 上海：上海人民出版社，2012.

[98] 维克多·帕帕奈克. 为真实的世界设计 [M]. 周博，译. 北京：中信出版社，2013.

[99] 马克·第亚尼. 非物质社会：后工业世界的设计、文化与技术 [M]. 成都：四川人民出版社，1998.

[100] 哈里特·沃斯里. 100 个改变时尚的伟大观念 [M]. 唐小佳，译. 北京：中国摄影出版社，2013.

[101] 古尔米特·马塔鲁. 什么是时装设计 [M]. 江莉宁，刁杰，译. 北京：中国青年出版社，2011.

[102] 凯瑟琳·施瓦布. 当代时装的前世今生 [M]. 李慧，译. 北京：中信出版社，2012.

[103] 凯莉·布莱克曼. 百年时尚 [M]. 张翎，译. 北京：中国纺织出版社，2014.

[104] 安德鲁·塔克，塔米辛·金斯伟尔. 时装 [M]. 童未央，戴联斌，译. 北京：生活·读书·新知三联书店，2014.

[105] 列奥纳多·达·芬奇. 达·芬奇论绘画 [M]. 戴勉，译. 桂林：广西师范大学出版社，2003.

[106] 凯瑟. 服装社会心理学 [M]. 李宏伟，译. 北京：中国纺织出版社，2000.

[107] 卢里. 解读服装 [M]. 李长青，译. 北京：中国纺织出版社，2000.

[108] 胡迪·利普森，梅尔芭·库曼. 3D 打印：从想象到现实 [M]. 赛迪研究院专家组，译. 北京：中信出版社，2013.

附录 《良友》杂志旗袍图像取样分布表

期号	时间	图片数量	页码
第一期	1926.02.15	0	无
第二期	1926.03.25	0	无
第三期	1926.04.15	0	无
第四期	1926.05.15	0	无
第五期	1926.06.15	1	18
第六期	1926.07.15	3	17、18
第七期	1926.08.15	2	25
第八期	1926.09.15	2	15、21
第九期	1926.10.15	0	无
第十期	1926.11.15	1	23
孙中山先生纪念特刊	1926.11	0	无
第十一期	1926.12.15	0	无
第十二期	1927.01.15	0	无
第十三期	1927.03.30	2	38
第十四期	1927.04.30	1	37
第十五期	1927.05.30	0	无
第十六期	1927.06.30	1	29
第十七期	1927.07.30	3	11
第十八期	1927.08.30	6	7、10、35、37
第十九期	1927.01.15	1	36
第二十期	1927.01.15	2	5、10
第二十一期	1927.11.30	2	29、37
第二十二期	1927.12.30	1	38
第二十三期	1928.01.30	1	33
第二十四期	1928.02.29	0	无
第二十五期	1928.04	2	35、42
第二十六期	1928.05	4	7、11、31
第二十七期	1928.06	1	19
第二十八期	1928.07	2	11、28

续表

期号	时间	图片数量	页码
第二十九期	1928.08	3	26、27
第三十期	1928.09	2	30
第三十一期	1928.10	2	31
第三十二期	1928.11	4	11、24、29
第三十三期	1928.12	1	11
第三十四期	1929.01	1	7
第三十五期	1929.02	2	7、27
第三十六期	1929.03	1	26
第三十七期	1929	5	15、21、23、25、26
第三十八期		3	23、26
第三十九期		0	无
第四十期		0	无
第四十一期		7	8、15、22、27、28
第四十二期		3	9、11、12
第四十三期	1930	1	23、26
第四十四期		0	无
第四十五期		7	10、15、25
第四十六期		2	14、29
第四十七期		5	7、13、30、31
第四十八期		6	12、12、23、31
第四十九期		8	6、16、21、40、41
第五十期		5	5、17、31、36
第五十一期		6	19、31、32、39
第五十二期		0	无
第五十三期	1931	2	38、42
第五十四期		9	7、19、42
第五十五期		3	38、39
第五十六期		5	34、35
第五十七期		3	13、15、39
第五十八期		7	19、33、43
第五十九期		8	14、15、33、38
第六十期		9	19、33、34、35
第六十一期	1931.09	2	21、43

续表

期号	时间	图片数量	页码
第六十二期	1931.10	0	无
第六十三期	1931.11	1	33
第六十四期	1931	3	封面、28、43
第六十五期	1932	3	49、60、62
第六十六期		2	63
第六十七期		1	19
第六十八期		8	封面、14、15、16、25、28、44
第六十九期		2	11、29
第七十期		4	10、23、24、28
第七十一期		7	封面、8、22、23、24
第七十二期		7	封面、16、25、30
第七十三期	1933	6	封面、12、13、37、38、40
第七十四期		9	封面、32、34、35、46、47、48
第七十五期		6	5、10、22、31、36、37
第七十六期		5	10、15、24、30、37
第七十七期		4	6、7、8、9
第七十八期		5	6、13、31
第七十九期		3	24、39
第八十期		5	封面、2、12、13
第八十一期		5	封面、4、28、31、32
第八十二期		4	封面、7、27、29
第八十三期		5	4、15、18、31、36
八周年纪念刊	1933～1934	1	34
第八十四期	1934	6	14、15、29、30、35
第八十五期		3	封面、18、28
第八十六期		2	5、31
第八十七期		3	7、35、38
第八十八期		4	封面、7、9、29
第八十九期		3	12、20、31
第九十期		5	2、8、14、17
第九十一期		4	20、21
第九十二期		4	封面、3、9、18
第九十三期	1934.09.01	1	6

续表

期号	时间	图片数量	页码
第九十四期	1934.09.15	5	封面、6、16
第九十五期	1934.10.01	4	封面、6、14
第九十六期	1934.10.15	3	封面、3、7
第九十七期	1934.11.01	3	封面、3、23
第九十八期	1934.11.15	4	5、7、8
第九十九期	1934.12.01	3	封面、10、23
第一百期	1934.12.15	17	16、17、38、39、42、43、44、47、55
第一〇一期	1935.01	13	16、30、31、38、40、41、52、53、57
第一〇二期	1935.02	4	封面、12、24
第一〇三期	1935.03	8	20、21、26、38、44、48、55
第一〇四期	1935.04	5	封面、15、16、51、56
第一〇五期	1935.05	10	4、5、8、15、20、46、47
第一〇六期	1935.06	4	12、26、27、36
第一〇七期	1935.07	2	6
第一〇八期	1935.08	8	6、15、19、25、33、49
第一〇九期	1935.09	5	封面、7、37
第一一〇期	1935.10	2	15、19
第一一一期	1935.11	12	封面、6、8、32、50、51
第一一二期	1935.12	4	封面、13、37、55
第一一三期	1936	7	7、9、12、32、38
第一一四期	1936.02	2	封面、8
第一一五期	1936.03、04	2	8、55
第一一六期	1936.05	5	封面、10、54、57
第一一七期	1936.06	4	8、21、22、45
第一一八期	1936.07	4	8、10、18
第一一九期	1936.08	5	32、34、37
第一二〇期	1936.09	9	封面、10、21、24、31、41、51
第一二一期	1936.10	5	封面、9、19
第一二二期	1936.11	5	封面、8、33、35、53
第一二三期	1936.12	5	封面、12、32、33、37
第一二四期	1937.01	4	7、26、36、50
第一二五期	1937.02	5	封面、25、37、40、52

续表

期号	时间	图片数量	页码
第一二六期	1937.03	6	封面、20、50、52
第一二七期	1937.04	2	40、57
第一二八期	1937.05	3	封面、16、18
第一二九期	1937.06	0	无
第一三〇期	1937.07	2	封面、14
第一三一期	1937.11	0	无
第一三二期	1937.12	6	3、5、24、25
第一三三期	1938.01	0	无
第一三四期	1938.02	1	24
第一三五期	1938.03	0	无
第一三六期	1938.04	0	无
第一三七期	1938.05	0	无
第一三八期	1938.06	10	19、21、22、25、33、34
第一三九期	1939.02	0	无
第一四〇期	1939.03	2	37
第一四一期	1939.04	2	3、39
第一四二期	1939.05	6	3、7、9、14、28
第一四三期	1939.06	2	43
第一四四期	1939.07	1	7
第一四五期	1939.08	4	7、12、27
第一四六期	1939.09	1	33
第一四七期	1939.10	5	封面、15、16、29
第一四八期	1939.11	1	33
第一四九期	1939.12	1	42
第一五〇期	1940.01	1	67
第一五一期	1940.02	0	无
第一五二期	1940.03	0	无
第一五三期	1940.04	5	12、13
第一五四期	1940.05	6	封面、2、3、16、33
第一五五期	1940.06	0	无
第一五六期	1940.07	2	33
第一五七期	1940.08	0	无
第一五八期	1940.09	0	无

续表

期号	时间	图片数量	页码
第一五九期	1940.10	4	封面、11、26
第一六〇期	1940.11	0	无
第一六一期	1940.12	2	8、23
第一六二期	十五周年纪念	2	16、17
第一六三期	1941	1	37
第一六四期	1941.03	0	无
第一六五期	1941.04	8	封面、9、10、36、40、41、42
第一六六期	1941.05	3	封面、6、20
第一六七期	1941.06	8	封面、17、20、21
第一六八期	1941.07	5	30、31、36、37
第一六九期	1941.08	2	封面、28
第一七〇期	1941.09	2	27、36
第一七一期	1941.10	0	无
第一七二期	1945.10	2	38

后　记

三年多的博士学习成为平静教学生活中的一剂猛药，那段每天怀着褚小怀大的忐忑坚持着粤若稽古的日子至今难忘。通过设计实践展开探究的专业博士研究是近年来国际上出现的新的研究形式，在国内服装理论研究与设计实践中尚无先例，那几年的研究与实践几乎都是在探索专业博士的研究方法与路径，本书就是那段时间的研究成果。

非常感谢刘元风教授为我们建构的这个学术平台，并给予我们极为自由的学术空间。从我在中央工艺美术学院读本科、硕士到现今的博士学习，刘老师敦本务实的治学态度与高屋建瓴的学术视角对我影响至深，我的每个人生节点都受益于刘老师的启蒙开示，本书的研究亦是在刘老师追求卓越的学术精神指引下逐步深入的。还要感谢郑嵘教授的悉心指导，郑老师缜密严谨的方法论对本书逻辑关系的构建发挥了重要作用。本书还得益于李当岐教授、许平教授、贾荣林教授、赵平教授、刘瑞璞教授、杨道圣教授、陈芳教授、贺阳教授、Claire Pajacakowska教授的不吝赐教，诚挚地感谢各位老师。

本书第四章中技术梳理部分的成果，是以此前与朱小珊、吴波两位副教授合作的项目成果为基础展开的，当时的实践不仅成为本书思考的基础，也给予后续的深入研究诸多有益启发。

为了搞清英国的专业博士研究方式，我在2016年去了两次皇家艺术学院，并和当时在读的皇艺博士生蔺明净合作了两套3D 打印服装作品，这个成果收录于本书第六章。

感谢在研究过程中提供翔实参考资料的老师、同学与朋友们，感谢在技术探究与设计实现过程中给予大量帮助及专业技术支持的手工艺人、工艺师们。

最后感谢父母家人的精神支持。

择一事、终一生，不念过往，只需笃信前行。